"十四五"职业教育河南省规划教材

U0457365

高压开关设备实训指导书

（第二版）

主　编　石锋杰

副主编　马　雁　付婷婷　熊浩清

编　写　许　多　王雨萌　朱修超

　　　　王　迪　高　山　李俊华

主　审　鲁爱斌

中国电力出版社

CHINA ELECTRIC POWER PRESS

内 容 提 要

本书包括三个模块，共计十六个项目，主要介绍了高压断路器、高压隔离开关、高压开关柜三种电气设备的基础知识、运行调试内容。本书在编写过程中紧密结合我国电力工程实际，具有逻辑清晰、通俗易懂、便于读者学习的特点。本书配有丰富数字资源，读者可通过登录在线课程、扫封面二维码获得。

本书可作为高职高专电力技术类专业教学用书，也可作为变电检修技能鉴定实操部分和岗位技能培训的教材。

图书在版编目（CIP）数据

高压开关设备实训指导书/石锋杰主编；马雁，付婷婷，熊浩清副主编. -- 2 版. -- 北京：中国电力出版社，2025.6. -- ISBN 978-7-5198-9975-2

Ⅰ. TM561

中国国家版本馆 CIP 数据核字第 2025XA9184 号

出版发行：中国电力出版社
地　　址：北京市东城区北京站西街 19 号（邮政编码 100005）
网　　址：http://www.cepp.sgcc.com.cn
责任编辑：陈　硕
责任校对：黄　蓓　于　维
装帧设计：赵姗姗
责任印制：吴　迪

印　　刷：固安县铭成印刷有限公司
版　　次：2018 年 8 月第一版　2025 年 6 月第二版
印　　次：2025 年 6 月北京第一次印刷
开　　本：787 毫米×1092 毫米　16 开本
印　　张：9.5
字　　数：233 千字
定　　价：29.00 元

前　言

　　本书主要面向高职高专学校电力技术类专业在校学生和变电检修岗位从业人员。为适应实践课程教学的需要，编者依据《国家电网公司企业标准·国家电网公司生产技能人员职业能力培训规范·变电检修》对岗位职业知识与技能的需求，参考最新国家和行业标准规范及设备生产厂家技术说明书，结合高等职业教育特点和教学实践中的经验编写了本书。

　　本书主要介绍了高压断路器、高压隔离开关、高压开关柜三种设备的基础知识、运行维护和试验内容。在编写过程中，编者坚持培养目标的要求，注重实用，力求结合我国生产实际，突出教材特点。本书逻辑清晰，通俗易懂，便于读者学习。本书配有部分操作视频和设备原理动画，读者可通过扫描封面二维码获得。为学习贯彻落实党的二十大精神，本书根据《党的二十大报告学习辅导百问》《二十大党章修正案学习问答》，在数字资源中设置了"二十大报告及党章修正案学习辅导"栏目，以方便师生学习。

　　全书共三个模块，模块一中项目一至项目三、模块二和附录由郑州电力高等专科学校石锋杰编写，模块三由郑州电力高等专科学校马雁、付婷婷、许多共同编写，模块一中项目四、项目五由国网河南省电力公司熊浩清和郑州市供电公司李俊华编写，模块一中项目六由郑州电力高等专科学校朱修超和王迪、高山共同编写。全书由郑州电力高等专科学校石锋杰负责统稿。武汉电力职业技术学院鲁爱斌高级工程师担任本书主审。

　　由于编者水平有限，书中疏漏和不妥之处在所难免，希望读者批评指正。

编　者

2025 年 2 月于郑州电力高等专科学校

目　录

模 块 一

高压断路器的运行与调试

高压断路器是电力系统中非常重要的控制和保护设备，无论系统处在什么状态，都应可靠动作。高压断路器在电力系统中的主要作用体现在两方面：一是控制作用，即根据电力系统运行需要投入或切除部分电气设备和线路；二是保护作用，即在电气设备和线路发生故障时，通过继电保护及自动装置作用于断路器，将故障部分从电网中迅速切除，以保证电网非故障部分的正常运行。

在本模块中，首先介绍高压断路器的基本知识，然后介绍高压断路器的运行与调试方面的相关知识。

项目一 高压断路器的技术参数

电力系统的运行状态和负荷性质是多种多样的，作为控制、保护元件的高压断路器，要保证电力系统的安全运行，对它的要求也是多方面的。另外，断路器所处场所的自然环境变化也会对其工作性能产生影响。通常用下列技术参数表示高压断路器的基本工作性能。

一、电气参数

1. 额定电压

高压断路器在规定的正常使用和性能条件下，能够连续运行的最高电压称为断路器的额定电压。根据 GB 1984—2024《高压交流断路器》的规定，高压断路器的额定电压分为 3.6、7.2、12、40.5、72.5、126、252、363、550、800kV 等。

2. 额定电流

额定电流指在规定的正常使用和性能条件下，断路器主回路能够连续承载的电流有效值。

3. 额定频率

额定频率指在交变电流电路中 1s 内交流电变化的周期数。

4. 额定短路开断电流

额定短路开断电流是标志高压断路器开断短路故障能力的参数，是指断路器在规定条件下能保证正常开断的最大短路电流。

5. 额定失步开断电流

额定失步开断电流是指在规定条件下，断路器两侧电网失去同步时，所开断的电流。失步开断也就是断路器断开时，断路器的两端为两个独立的系统，断开时两侧的相位不一致。断路器断口间的恢复电压最大可能达到 2 倍过电压，所以额定失步开断电流一般比额定开断电流值小。

6. 近区故障开断电流

在电力线路不同地点出现短路故障时，短路电流的大小有很大差别。图 1-1 所示为在 220kV 母线上引出一条线路，在线路始端装有断路器 QF。显然，在断路器 QF 的出线端子处 1 发生短路时，短路电流最大。但是，近年来的实践和理论表明，当短路点 2（离断路器几千米处）出现短路故障时，其短路电流虽然比短路点 1 的小，但断路器开断可能更加困难，这种故障称为近区故障。断路器在规定的近区故障条件下能够开断的电流，称为断路器的近区故障开断电流。通常近区故障开断电流比额定电流小一些。

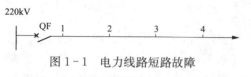

图 1-1　电力线路短路故障

7. 额定线路充电开断电流

当断路器开断空载线路时，由于空载线路的电容效应及电弧的重燃，此时可能会出现几倍于额定电压的过电压，断路器开断难度加大。额定线路充电开断电流是指断路器在厂家规定的使用和性能条件下，在其额定电压下应能开断的最大线路充电电流，开断时不得重击穿。

8. 额定短时耐受电流和额定短路持续时间

额定短时耐受电流（又称热稳定电流）指在规定的使用和性能条件下，在确定的短时间内，断路器在合闸位置所能承载的最大电流有效值。在额定短时耐受电流以下，断路器不会因短路电流的发热而损坏。

额定短路持续时间（又称额定热稳定时间）指断路器在合闸位置所能承载其额定短时耐受电流的时间间隔，通常为 1～4s。

9. 额定峰值耐受电流

额定峰值耐受电流（又称动稳定电流）指在规定的使用和性能条件下，断路器在合闸位置所能承受的最大电流峰值。在额定峰值耐受电流以下，断路器不会因短路电流的电动力效应而损坏。

10. 额定短路关合电流

额定短路关合电流指断路器在额定电压及规定的使用和性能条件下，能保证正常关合的最大短路峰值电流。

电力系统中的电气设备或输电线路在未投入运行前突发绝缘故障，甚至处于短路状态，这种故障称为预伏故障。当断路器关合有预伏故障的电路时，在关合过程中，常在动、静触头尚未接触前，在电源电压作用下，触头间隙击穿（通常称为预击穿），随即出现短路电流。在关合过程中出现短路电流会对断路器的关合造成很大的阻力，这是由短路电流产生的电动力造成的。有时甚至会出现动触头合不到底的情况，此时在触头间形成持续电弧，造成断路器的严重损坏甚至爆炸。为了避免出现上述情况，断路器应具有足够的关合短路故障的能力。标志这一能力的参数是断路器的额定短路关合电流。

11. 工频耐压

工频耐压表征断路器承受过电压的能力，指在工频电压作用下，高压断路器在短时间内（通常为 1min）能承受的最大电压，一般以有效值表示。

12. 雷电冲击耐压

雷电冲击耐压表征断路器耐受冲击电压的性能，指在标准雷电波形（1.2/50μs）下，高压断路器能承受的最大电压峰值。

二、机械参数

1. 分闸速度

分闸速度包括平均分闸速度和刚分速度。平均分闸速度是指断路器在分闸过程中由动、静触头分离瞬间到完全分开的平均速度。刚分速度是指断路器动、静触头刚刚分离时的瞬时速度，通常测量时取动、静触头刚分离后 10ms 内的平均速度。

2. 合闸速度

合闸速度包括平均合闸速度和刚合速度。平均合闸速度是指断路器在合闸过程中由分闸位置到动、静触头接触瞬间的平均速度。刚合速度是指断路器动、静触头接触前瞬间的瞬时速度，通常测量时取动静触头接触前 10ms 内的平均速度。

3. 开断时间

开断时间是标志断路器开断过程时间的参数。开断时间是指从断路器操动机构分闸线圈通电瞬间到所有相中电弧最终熄灭的时间间隔。开断时间为分闸时间和燃弧时间之和。

（1）分闸时间：从断路器操动机构分闸线圈通电瞬间到灭弧室内动静触头分离瞬间的时间间隔。

（2）燃弧时间：从断路器动、静触头分离瞬间到电弧最终熄灭的时间间隔。

4. 合闸时间

合闸时间是标志断路器合闸过程时间的参数。合闸时间是指断路器操动机构合闸线圈通电瞬间到灭弧室内动、静触头合闸瞬间的时间间隔。

5. 合闸同期性

合闸同期性是指断路器合闸时，最先合上相和最后合上相之间的时间间隔。合闸同期性一般不大于 5ms。

6. 分闸同期性

分闸同期性是指断路器分闸时，最先分开相和最后分开相之间的时间间隔。分闸同期性一般不大于 3ms。

7. 合—分时间

合—分时间是指断路器在进行重合闸时，断路器合闸后到再次开始分闸的时间间隔。对于 126kV 及以上断路器，合—分时间应不大于 60ms，推荐不大于 50ms。由于断路器合—分时间加长时，对系统稳定性不利，而合—分时间过短又不利于断路器重合闸时第二个"分"的可靠开断能力，因此合—分时间应该有个范围，制造厂应给出断路器合—分时间的上下限，并应在形式试验中验证断路器在规定的合—分时间下的额定短路开断能力，且试验中合—分时间不得超过产品技术条件中给出的规定值。

8. 真空断路器的合闸弹跳和分闸反弹

合闸弹跳是指断路器动触头与静触头碰撞接触后被反作用力推开，然后再接触又被推开的现象。分闸反弹是指断路器动触头分闸到底时由于反作用力，又往静触头方向运动的现象。

真空断路器的合闸弹跳影响到其合闸能力和电寿命，而分闸反弹影响到其弧后绝缘性能，因而对于真空断路器，其合闸弹跳和分闸反弹越小越好。真空断路器的合闸弹跳以毫秒（ms）来计算，分闸反弹以毫米（mm）来计算，并规定如下：

（1）对于 7.2～12kV 真空断路器：合闸弹跳不应超过 2ms，分闸反弹幅值不应超过额定开距的 20%。

（2）对于 40.5kV 及以上真空断路器：合闸弹跳不应超过 3ms，分闸反弹幅值不应超过额定开距的 20%。

三、其他参数

1. 额定操作顺序

架空输电线路的短路故障，大多数是雷害、鸟害等临时性故障。因此，为了提高供电的可靠性并增加电力系统的稳定性，线路保护多采用快速自动重合操作的方式。也就是，输电线路发生短路故障时，根据继电保护发出的信号，断路器开断短路故障，然后经很短时间又再次自动关合；断路器重合后，如故障并未消除，断路器必须再次开断短路故障。在某些情况下，由运行人员在断路器第二次开断短路故障后经过一定时间（如 180s）再令断路器关合电路，称为强送电。强送电后，故障如仍未消除，断路器还需第三次开断短路故障。上述操作顺序称为快速自动重合闸断路器的额定操作顺序，可写为

$$分—\theta—合分—t—合分$$

其中：分——分闸操作；

合分——断路器合闸后无任何有意延时就立即进行分闸操作；

θ——无电流间隔时间，即断路器开断时从所有相中电弧均已熄灭起到重新关合时任意一相中开始通过电流时的时间间隔，对快速自动重合闸的断路器，取 0.3s；

t——运行人员强送电时间，一般为 180s。

2. 机械寿命

断路器应有一定的允许合/分次数，以保证足够长的工作年限。一般断路器允许的空载合/分次数（也称机械寿命）为 2000～5000 次；控制电容器组、电动机等经常启动的电气设备的断路器，其允许的合/分次数应当更多，如 5000、10000 次，甚至更高。通常机械寿命是在连续进行的开合试验中得来的。实际运行中的高压断路器动作不是连续的，时间间隔很长，通常电压等级越高的断路器动作次数越少。

3. 电气寿命

由于断路器开断短路电流时，产生的强烈电弧会对断路器的动、静触头造成烧损。烧损到一定程度时，就要更换触头，因此就有了电气寿命。断路器的电气寿命是指在开断自身额定开断电流值参数下的可靠开断次数。通常 110kV 及以上电压等级断路器的电气寿命在 20次以上，35kV 及以下电压等级断路器的电气寿命在 50 次及以上。

4. 总行程

总行程是指断路器在合闸过程中，动触头由分闸位置到合闸到底所运动的总距离。

5. 超行程

超行程是指断路器合闸过程中，动触头与静触头刚接触瞬间开始到合闸到底动触头运动的距离。

6. 开距

开距是指断路器在分闸位置时，动、静触头之间的间隙距离。通常情况下总行程≈开距＋超行程。

表 1-1 和表 1-2 分别为 LW10B-252 型和 LW35-126 型 SF₆ 断路器的基本技术参数。

本模块分别以此两种断路器为例介绍其结构和工作原理。

表 1-1　　　　　　　　　LW10B-252 型 SF$_6$ 断路器的基本技术参数

序号	项　目	单位	参　数	
			LW10-252/3150-40	LW10-252/3150-50
1	额定电压	kV	252	
2	额定电流	A	3150	
3	额定频率	Hz	50	
4	额定短路开断电流	kA	40	50
5	额定短时耐受电流	kA	40	50
6	额定峰值耐受电流	kA	100	125
7	额定短时持续时间	s	3	
8	额定短路关合电流	kA	100	125
9	近区故障开断电流（L901/L75）	kA	36/30	45/37.5
10	额定线路充电开断电流	A	160	
11	额定失步开断电流	kA	10	12.5
12	电气寿命	次	26	
13	控制回路电源额定电压	V	DC 220/110	
14	额定操作顺序	—	分—0.3s—合分—180s—合分	
15	机械寿命	次	3000	
16	SF$_6$ 气体年漏气率	—	≤1%	
17	SF$_6$ 气体含水量	ppmv	150	
18	触头行程	mm	200±1	
19	触头接触行程	mm	40±4	
20	1min 工频耐受电压（有效值）	kV	断口间 415/460（干、湿试）	
			相对地 360/395（干、湿试）	
21	雷电冲击耐受电压（峰值）（1.2/50μs）	kV	断口间 950/1050	
			相对地 850/950	
22	储压器预充氮气压力（15℃）	MPa	17~18	15±0.5
23	额定油压	MPa	28±1.0	26±1.0
24	SF$_6$ 气体额定工作压力（20℃）	MPa	0.4	0.6
25	补气报警压力（20℃）	MPa	0.32±0.015	0.52±0.015
26	闭锁压力（20℃）	MPa	0.30±0.015	0.50±0.015
27	分闸速度	m/s	9±1	
28	合闸速度	m/s	4.6±0.5	

续表

序号	项 目	单位	参 数	
			LW10－252/3150－40	LW10－252/3150－50
29	分闸时间	ms	≤32	
30	合闸时间	ms	≤100	
31	合—分时间	ms	≤60	
32	合闸同期性	ms	5	
33	分闸同期性	ms	3	
34	开断时间	周波	2.5	
35	SF_6 气体质量	kg/台	25	27
36	每台断路器质量	kg	1800×3	

注 1. 分、合闸速度指断路器单分、单合时的速度值,其定义如下:

(1) 分闸速度:触头刚分点至分闸后 90mm 行程段的平均速度;

(2) 合闸速度:触头刚合点至合闸前 40mm 行程段的平均速度。

2. 当海拔要求在 2000m 时,产品的额定绝缘水平按表 1-2 中斜线上方的数据确定;当海拔要求不超过 1800m 时,产品的额定绝缘水平按表 1-2 中斜线下方的数据。

表 1-2　　　　　　　　　**LW35-126 型 SF_6 断路器的基本技术参数**

序号	项 目	单位	参 数
1	额定电压	kV	126
2	额定电流	A	3150
3	额定频率	Hz	50
4	额定短路开断电流	kA	40
5	额定短时耐受电流	kA	40
6	额定峰值耐受电流	kA	100
7	额定短时持续时间	s	3
8	额定短路关合电流	kA	100
9	近区故障开断电流	kA	36
10	额定线路充电开断电流	A	31.5
11	额定失步开断电流	kA	10
12	额定短路开断电流下累计开断次数	次	20
13	首开极因数	—	1.5
14	控制回路电源额定电压	V	DC 220/110
15	额定操作顺序	—	分—0.3s—合分—180s—合分
16	额定主回路电阻	μΩ	55
17	断路器机械耐久	次	3000

序号	项　　目		单位	参　　　数
18	接线端子静拉力	水平纵向	N	1250
19		水平横向	N	750
20		垂直方向	N	1000
21	SF_6 气体年漏气率		—	≤1%
22	SF_6 气体含水量		ppmv	150
23	触头行程		mm	150±4
24	触头接触行程		mm	23～28
25	1min 工频耐受电压（有效值）		kV	230
26	雷电冲击耐受电压（峰值）（1.2/50μs）		kV	550
27	SF_6 气体零表压（5min）		kV	95
28	SF_6 气体额定工作压力（20℃）		MPa	0.5±0.015
29	补气报警压力（20℃）		MPa	0.45±0.015
30	最低功能压力（20℃）		MPa	0.43±0.015
31	产品包装运输时压力		MPa	0.025
32	分闸时间上下限		ms	24～30
33	合闸时间上下限		ms	100±20
34	分—合时间		ms	出厂时≤300
35	合—分时间		ms	出厂时≤55
36	合闸同期性		ms	5
37	分闸同期性		ms	3
38	开断时间		ms	60

项目二　高压断路器的结构与工作原理

一、LW10B–252 型 SF_6 断路器的结构和工作原理

（一）LW10B–252 型 SF_6 断路器的主要特点

（1）灭弧室结构设计合理、开断能力强、触头电气寿命长（额定短路开断达 26 次）、检修间隔期长。

（2）产品的机械可靠性好，保证机械寿命 3000 次。

（3）每极断路器均装有指针式密度继电器，用于监视 SF_6 气体的泄漏，其指示值不受环境温度的影响。

（4）液压机构操动油压由压力开关自动控制，可恒定保持在额定油压而不受环境温度的影响，同时机构内的安全阀可免除过电压的危险。

（5）当 SF$_6$ 气压降为零表压时，断路器仍能承受 1.5 倍最高相电压。

（6）液压机构具有失压后重建压力时不慢分的功能。

（7）液压机构装有两套彼此独立的分闸控制线路，可以应用两套继电保护以提高运行的可靠性。

（8）断路器的灭弧室和支柱整体包装运输，并充以 0.03MPa 的 SF$_6$ 气体，现场安装时可直接充 SF$_6$ 气体，无须抽真空。断路器的调整环节少，现场安装方便。

（9）断路器可带电补充 SF$_6$ 气体而无须退出运行。

（10）断路器操动噪声低。

（11）管阀结构的液压机构管路很少，减少了漏油环节。

（二）LW10B‐252 型 SF$_6$ 断路器的整体结构

LW10B‐252 型 SF$_6$ 断路器为瓷柱式结构，其三极结构及布置如图 1‐2 所示。根据用户的要求，支柱瓷套可分为双节［见图 1‐2（a）］和单节［见图 1‐2（b）］两种；根据接线方式又可分为上接线板对准前门（X 形）和下接线板对准前门（M 形）两种形式，高进低出或低进高出均可（图 1‐2 所示的产品形式即为 X 形）。每台断路器由 3 个独立的单极组成，单极结构如图 1‐3 所示。断路器单极主要由灭弧室、支柱、液压机构及密度继电器等零部件组成。

（三）LW10B‐252 型 SF$_6$ 断路器本体的结构与工作原理

1. 灭弧室

图 1‐4 所示为灭弧室的结构示意图，其由三部分组成。

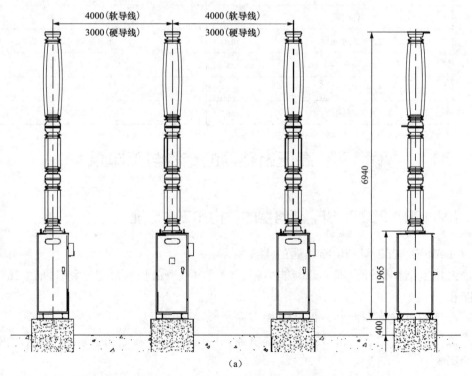

图 1‐2　LW10B‐252 型 SF$_6$ 断路器三极结构及布置（一）

（a）双节支柱瓷套

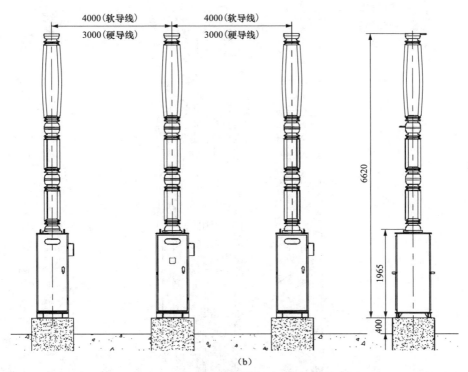

（b）

图1-2 LW10B-252型SF₆断路器三极结构及布置（二）
（b）单节支柱瓷套

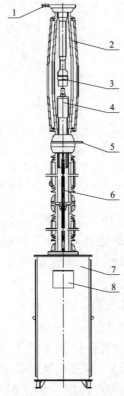

图1-3 LW10B-252型SF₆断路器单极结构
1—上接线板；2—灭弧室瓷套；3—静触头；4—动触头；5—下接线板；6—绝缘拉杆；7—机构箱；8—密度继电器

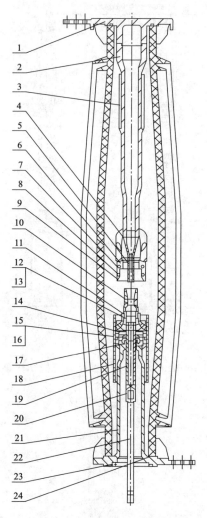

图 1-4 灭弧室的结构示意图

1—静触头接线座；2—触头支座；3—分子筛；4—弧触头座；5—静弧触头；6—触座；7—触指；8—触指弹簧；9—均压罩；10—喷管；11—压环；12—动弧触头；13—护套；14—逆止阀；15—滑动触指；16—触指弹簧；17—触座；18—压气缸；19—动触头；20—接头；21—缸体；22—拉杆；23—导向板；24—瓷套装配

（1）动触头装配：由喷管 10、压环 11、动触头 19、动弧触头 12、护套 13、滑动触指 15、触指弹簧 16、缸体 21、触座 17、逆止阀 14、压气缸 18、接头 20 和拉杆 22 组成。

（2）静触头装配：由静触头接线座 1、触头支座 2、弧触头座 4、静弧触头 5、触指 7、触指弹簧 8、触座 6、均压罩 9 组成。

（3）鼓形瓷套装配：由鼓形瓷套及铝合金法兰组成。

2．支柱

如图 1-5 所示，支柱主要由两节支柱瓷套 1 和 7、绝缘拉杆 3、隔环 4、导向盘 5、导向套 6、支柱下法兰 8、密封座 9、拉杆 10 及充气接头 11 组成。支柱装配不仅是断路器对地绝缘的支撑件，同时也起着支撑灭弧室的作用。上、下两节支柱瓷套的尺寸相同但机械强度不同，下节瓷套破坏弯矩为 5600N·m，上节瓷套为 3500N·m。两节支柱瓷套连接处装有隔环及导向盘，导向盘上压有导向套，隔环上有检漏孔。如果断路器采用单节支柱瓷套，则没有图中的4、5、6部件。

3. 本体的工作原理

（1）合闸。图1-4所示位置为分闸位置，当断路器合闸时，工作缸活塞杆向上运动，通过拉杆（图1-5中10）、绝缘拉杆（图1-5中3）带动灭弧室拉杆22向上移动，使接头20、动触头19、压气缸18、动弧触头12、喷管10同时向上移动，运动到一定位置时，静弧触头首先插入动弧触头中，即弧触头首先合闸，紧接着动触头的前端即主触头插入触指中，直到行进200mm±1mm完成合闸动作，在压气缸快速向上移动的同时阀片打开，使灭弧室内SF₆气体迅速进入压气缸内。

如图1-4所示，当接线方式为高进低出时，电流由静触头接线座端子1进入，经触头支座2、触座6、触指7、动触头19、滑动触指15、触座17、缸体21及缸体上的下接线端子引出。当接线方式为低进高出时，电流方向与此相反。

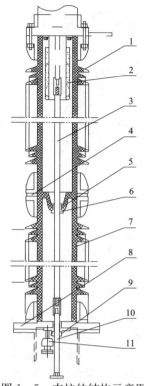

图1-5　支柱的结构示意图

1—上节支柱瓷套；2—分子筛筐；3—绝缘拉杆；4—隔环；5—导向盘；6—导向套；7—下节支柱瓷套；8—支柱下法兰；9—密封座；10—拉杆；11—充气接头

（2）分闸。分闸时与合闸动作相反，工作缸活塞杆向下运动，通过绝缘拉杆、拉杆22带动动触头系统迅速向下移动，首先触指和动触头脱离接触，然后弧触头5和12分离。在动触头向下运动过程中，阀片关闭，压气缸内腔的SF₆气体被压缩后适时向电弧区域喷吹，使电弧冷却和去游离而熄灭，并使断口间的介质强度迅速恢复，以达到开断额定电流及各种故障电流的目的。动触头总行程为200mm±1mm。主触头开距为150mm±4mm。弧触头超程为40mm±4mm。

（四）液压操动机构的结构与工作原理

1. 结构

LW10B-252型SF₆断路器的液压操动方式为分相操作，三相分别配有相同的液压操动机构（简称液压机构），机构的组成及液压原理如图1-6所示。机构由以下元件组成：油箱1、油泵电机15、过滤器17、油压开关11、压力表10、合闸电磁铁8、分闸电磁铁5、二级阀、分闸一级阀2、合闸一级阀14、辅助开关7、工作缸6、储压器12及控制面板。

2. 工作原理

（1）储压。接通电源，电动机（M）带动油泵转动，油箱1中的低压油经过滤器17、低压油管、油泵，进入储压器12上部，压缩下部的高纯氮，形成高压油。由于储存器的上部与工作缸活塞上部及二级阀相连通，因此，高压油同时进入图1-6中所示的高压区域。当油压达到额定工作压力值时，压力开关的相应接点断开，切断电动机电源，完成储压过

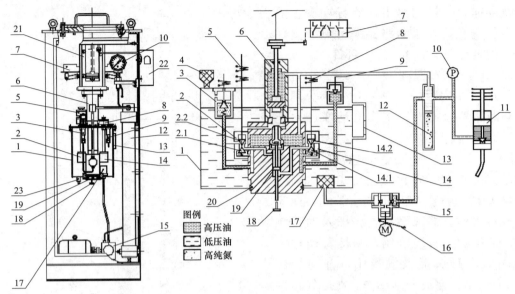

图 1-6　液压机构的组成和液压原理

1—油箱；2—分闸一级阀；2.1、4.1—上阀口；2.2、4.2—下阀口；3—安全阀；4—油气分离器；5—分闸电磁铁；
6—工作缸；7—辅助开关；8—合闸电磁铁；9—高压放油阀；10—压力表；11—油压开关；12—储压器；
13—油标；14—合闸一级阀；15—油泵电动机；16—手力打压杆；17—过滤器；18—操纵杆；
19—二级阀阀杆；20—密封圈；21—连接座；22—密度继电器；23—低压放油阀

程。在储压过程中或储压完成后，如果由于温度变化或其他意外原因使油压升高达到安全阀开启压力时，压力开关内的安全阀自动打开，将高压油放回到油箱中，当油压降到额定压力时，安全阀关闭。

（2）合闸操作。合闸电磁铁 8 接受命令后，打开合闸一级阀 14 的阀口 14.1，关闭阀口 14.2，高压油经一级阀进入二级阀阀杆 19 的活塞下部，推动阀杆向上运动，从而带动管阀向上封住工作缸下部的合闸阀口，打开管阀下部的分闸阀口，高压油经管阀内腔进入工作缸下端，由于工作缸活塞下部受力面积大于上部，便产生一个向上的力，推动活塞向上运动实现合闸。工作缸活塞向上运动的同时也带动辅助开关转换，主控室内的合闸指示信号接通，分闸回路接通（即可以接受分闸命令），带动辅助开关的滑环指向分、合闸指示牌的"合"。

合闸电磁铁电源切断后，合闸一级阀在弹簧力及油压作用下阀口 14.1 关闭，阀口 14.2 打开，切断高压油路成为图 1-6 所示状态，二级阀阀杆活塞下部与油箱连通。

在合闸状态下，因意外因素使液压系统失压，在重新建压过程中，由于管阀不会受到向下的力（重力远小于摩擦力），反而一旦有油压就会受到一个向上的预封力，因此，管阀一直处于原位不动，封住合闸阀口，高压油便同时进入工作缸活塞的上、下部，使活塞始终受一个向上的力，而不会出现慢分现象，即这种管状二级阀结构的液压机构具有可靠的自动防慢分的功能。

（3）分闸操作。分闸电磁铁 5 接受命令后，打开分闸一级阀 2 的阀口 2.1，关闭阀口 2.2，一级阀内高压油进入二级阀阀杆 19 的活塞上部，推动阀杆向下运动，从而带动管阀向下，使管阀与工作缸下部的合闸阀口分开，管阀下部进入分闸阀口如图 1-6 所示状态，阻止高压油通过管阀内腔向上流动；同时，工作缸活塞下部与油箱连通成为低压状态，活塞在上部油压作用下向下运动,实现分闸。同时带动辅助开关转换,主控室内的分闸指示信号接通,合闸回路接通(即可以接受合闸命令),带动辅助开关的滑环指向分、合闸指示牌的"分"。分闸电磁铁电源切断后,分闸一级阀在弹簧力及油压作用下阀口2.1关闭,阀口2.2打开,切断高压油路成为图1-6所示状态,二级阀阀杆活塞上部与油箱连通。

(4)慢合。断路器必须在退出运行不承受高电压时,才允许进行慢合、慢分操作,此种操作只在调试时进行。

断路器处于分闸位置,将液压系统的压力放至零表压,用手向上推动操纵杆18至合闸位置,然后启动电机打压,断路器就慢合。

(5)慢分。断路器处于合闸位置,将液压系统的压力放至零表压,用手向下拉操纵杆18至分闸位置,然后启动油泵电动机打压,断路器就慢分。

(6)其他说明。操纵杆平时放在机构箱右前角的手柄架上,需要慢分、慢合时把油箱底部的盖板去掉,从手柄架上取下操纵杆,拧在二级阀阀杆19的下边进行操作,用完后放回原处,再把盖板盖上。在工作状态下,盖板上边的螺塞只需轻轻带上,不能拧紧。当需要拆下油箱清理或检修时,由于油箱中的油放不干净,应把盖板拧紧,螺塞也拧紧,然后退下油箱。处理好后再装油箱时,先用螺钉把油箱与油箱盖连接起来,稍微用力拧,让二级阀下部的密封圈20与油箱接触(此时不可用力拧,因为盖板内有一腔油或空气不可压缩),然后,去掉盖板上的螺塞,再均匀地拧紧油箱盖上的六只螺钉。

3. 储压器

储压器的结构示意图如图1-7所示。储压器主要由底座1、缸体3、活塞4、弹簧7、弹簧座6、导向板8、塞座9、帽10及组合密封圈5、13等组成。LW10B-252型SF$_6$断路器每相配两只相同的储压器,容积为2×5.6L。储压器储存了液压操动系统的能源,其下部预先充有高纯氮,工作时油泵将油箱中的油压入储压器上部进一步压缩氮气,从而储存了能量供断路器分、合闸使用。

4. 工作缸

工作缸的结构示意图如图1-8所示,其由下螺母1、分闸缓冲器2、活塞杆3、缸体4、合闸缓冲器5、密封圈6、上螺母7等部件组成。

工作缸是断路器的动力装置,它通过支柱里的绝缘拉杆与灭弧室里的动触头相连,带动断路器做分、合闸运动。

当液压系统打压后,常高压端就充有高压油,而合闸端则为零压,断路器和液压系统接受合闸命令之后,合闸高压油经过二级阀进入工作缸的合闸端,由于合闸端的截面积大于分闸端的截面积,所以推动活塞向合闸方向运动,带动断路器合闸。当液压系统接收分闸命令之后,合闸高压油经过二级闸的排油通道排至油箱,常高压油推动活塞向分闸方向运动,从而达到断路器分闸的目的。

5. 一级阀、二级阀

一级阀、二级阀的结构示意图如图1-9所示。一级阀主要由阀体1、阀针2、阀套3、阀芯4、球阀5、阀座6及弹簧12组成。二级阀主要由二级阀座7、阀缸8、阀杆9、阀套10及管阀11组成。两只一级阀用长螺钉固定在二级阀体上,共同组成了LW10B-252型SF$_6$断路器的模块式阀系统。分、合闸一级阀结构完全相同,工作原理也相同,在装配时可以通用,仅仅是由于二级阀内结构的不同,两只一级阀分别起到了分闸命令和合闸命令的作用。

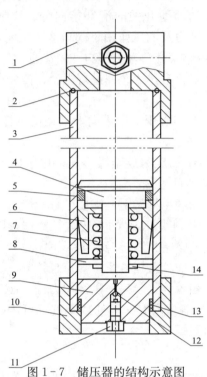

图 1-7 储压器的结构示意图

1—底座；2—密封圈；3—缸体；4—活塞；5、13—组合
密封圈；6—弹簧座；7—弹簧；8—导向板；9—塞座；
10—帽；11—密封螺塞；12—钢球；14—压环

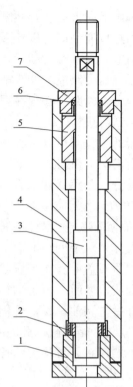

图 1-8 工作缸的结构示意图

1—下螺母；2—分闸缓冲器；3—活塞杆；
4—缸体；5—合闸缓冲器；
6—密封圈；7—上螺母

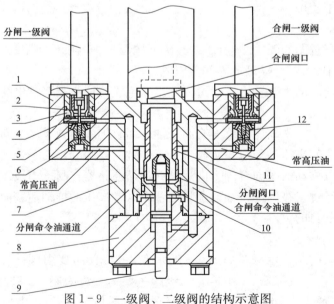

图 1-9 一级阀、二级阀的结构示意图

1—阀体；2—阀针；3—阀套；4—阀芯；5—球阀；6—阀座；7—二级阀座；
8—阀缸；9—阀杆；10—阀套；11—管阀；12—弹簧

阀系统工作原理：

（1）合闸。合闸电磁铁接受命令后，通过合闸一级闸的阀针顶开球阀，合闸命令油经此阀口流入合闸命令通道至二级阀阀杆活塞的下部，推动阀杆 9 并带动管阀向上运动，管阀下部脱开分闸阀口，上部封住合闸阀口，高压油经管阀内腔进入工作缸下端，推动工作缸活塞杆向上运动实现合闸。

（2）分闸。同合闸原理相仿，分闸电磁铁打开分闸一级阀口，分闸命令油流入二级阀阀杆活塞的上部，推动阀杆 9 并带动管阀向下运动，管阀上部与合闸阀口脱开，下部封住分闸阀口，工作缸活塞下边与低压油连通，与高压油隔开，活塞在上边油压的作用下向下运动实现分闸。

6. 分、合闸电磁铁

分、合闸电磁铁的结构如图 1-10 所示。其主要由按钮 1、磁轭 2 和 3、铁芯 5、线圈 4 组成。动铁芯的总行程为 3mm+1mm，工作行程为 2.5～3mm，其中分闸电磁铁由主分闸电磁铁和副分闸电磁铁组成，二者的动铁芯叠在一起同步动作。

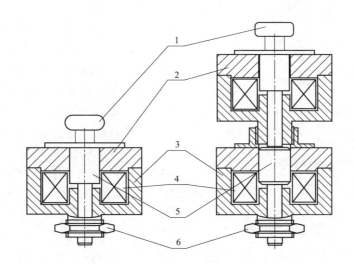

图 1-10　分、合闸电磁铁的结构示意图
1—按钮；2、3—磁轭；4—线圈；5—铁芯；6—螺母

7. 压力开关与安全阀

压力开关与安全阀的结构如图 1-11 所示。其主要由微动开关 1、阀 2、弹簧 3 和 4、支柱装配 5、活塞 6、挡圈 7、导向杆 8、阀座 9 和安全阀 10 等组成。压力开关共有 5 对触点，分别控制油泵电动机的启、停及输出分闸、合闸、重合闸闭锁信号，当压力升高时，活塞 6 向上移动，并压缩弹簧 3、4，支柱装配 5 带动阀 2 并分别触动微动开关 1，发出液压机构的各种压力信号。压力下降时，活塞 6 向下移动，同时带动阀 2 向下移动，使其与微动开关 1 分开，发出信号，实现电路上的各种控制。除此之外，还提供一对行程开关空触点，以供用户特殊用途。

压力正常时，由于压力差的原理，导向杆 8 的受力是向下的，封住阀座 9 上的排油阀口，保持系统的压力；压力异常升高时，活塞 6 向上移动，当活塞上的挡圈 7 碰到导向杆 8

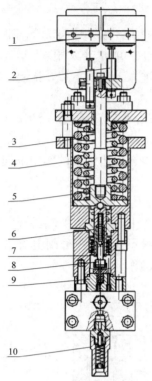

图 1-11　压力开关与安全阀的结构示意图

1—微动开关；2—阀；3、4—弹簧；5—支柱装配；

6—活塞；7—挡圈；8—导向杆；

9—阀座；10—安全阀

上的斜面时，活塞则带动导向杆上移，这时阀座 9 的排油阀口打开，高压油通过安全阀 10 泄放到油箱中（安全阀的压力释放值比阀座 9 的排油口释放值低 2MPa）。压力释放到安全阀的关闭值时，活塞下移，挡圈与导向杆在压力差动的作用下，重新封住阀座上的排油口。

8. 油泵

油泵的结构如图 1-12 所示，其主要由基座 1、曲柄转轴 2、逆止阀 3、柱塞 4 及阀座 5 组成。

该液压机构所用的高压油泵是径向双柱塞油泵，它借助柱塞在阀座中做往复运动，造成封闭容积的变化，不断地吸油和压油，将油压到储压器中直至工作压力，柱塞的往复运动是通过与电机转轴相连的曲轴上的偏心轮和柱塞的复位弹簧来实现的，转轴转一周，左、右柱塞各完成一个吸油—排油—压油的工作循环。

高压油泵在机构中的作用：

（1）预先从充氮压力储能至工作压力；

（2）断路器分、合闸操作或重合闸操作后，由油泵立即补充耗油量，储能至工作压力；

（3）补充液压系统的微量渗漏，保持系统压力稳定。

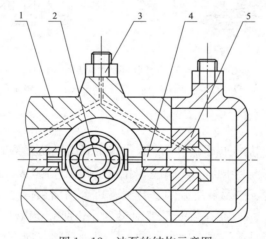

图 1-12　油泵的结构示意图

1—基座；2—曲柄转轴；3—逆止阀；4—柱塞；5—阀座

9. 辅助开关

LW10B-252 型 SF$_6$ 断路器操动机构采用 F10、F6 系列辅助开关，该辅助开关由多节组合而成的动、静触头全封闭在透明的塑料座内，每节含两对触头，同一节中对角形成一对动合（或动断）回路。

辅助开关的动、静触头的接触采用圆周滑动压接方式，触头间的压力由单独设置的压簧产生，使通流性能更好，每节动触头与聚碳酸酯压制成一个整体，使动作稳定。辅助开关的工作转角为90°。

10. 信号缸

采用信号缸作辅助开关的信号转换驱动元件，使断路器合—分时间能够可调。

11. 控制面板

本机构的控制面板分为固定面板和活动面板两部分，面板上装有各种电气控制元件和接线端子，用以接收命令实现对断路器的控制和保护。为操作方便，供操作用的小型断路器、近远控转换开关及近控操作按钮都装在活动面板上，提供给用户的接线端子安装在固定面板上。

12. 高压放油阀

高压放油阀的结构如图1-13所示，其主要由手柄1、阀座2、密封元件3、锥阀4组成。

当液压系统储能时，顺时针旋转手柄1，此时锥阀4关闭下边的阀口；当调试中液压系统需要泄压时，逆时针旋转手柄1，此时锥阀4打开下边的阀口，高压油从下边的高压系统泄入油箱。

13. 指针式密度继电器

如图1-14所示，指针式密度继电器由密闭的指示仪表、电触点、温度补偿装置、定值器、接线盒、三通接头和球阀等组成。

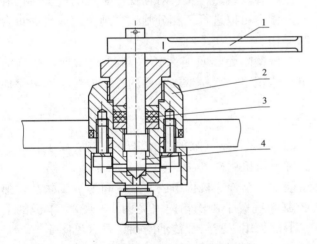

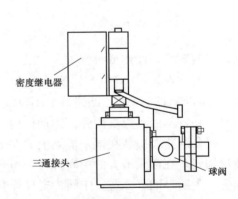

图1-13　高压放油阀的结构示意图　　　　　图1-14　指针式密度继电器的结构示意图
1—手柄；2—阀座；3—密封元件；4—锥阀

额定的工作压力下，当环境温度变化时，SF_6气体压力产生一定的变化，指示仪表内的温度补偿元件对其变化量进行补偿，使仪表指示不变。当SF_6气体由于泄漏而造成压力下降时，仪表的指示也将随之发生变化，当降至报警值时，密度继电器的一对触点接通，输出报警信号；当压力继续下降，达到闭锁值时，密度继电器的另一对触点闭合，输出闭锁信号。与三通接头相连的球阀具有隔离密度继电器与本体的作用，如需检查或更换密度继电器，只需将球阀阀门关闭，然后将密度继电器从三通接头上取下即可。

指针式密度继电器的动作值见表1-3。

表1-3   指针式密度继电器的动作值 [MPa（20℃）]

额定气压	报警值 P_1	闭锁值 P_2
0.6	0.52±0.015	0.50±0.015
0.4	0.32±0.015	0.30±0.015

14. 压力表

如图1-15所示，压力表主要由油压表、球阀等组成。

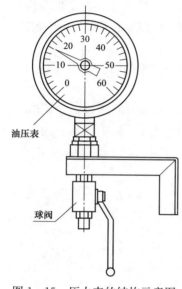

图1-15 压力表的结构示意图

压力表是液压机构的重要组成部分之一，它主要用于测量、监视液压系统的压力值。压力表下方的球阀具有隔离液压系统与油压表的功能，如果发现液压系统有异常，需检查或更换油压表，只需将球阀阀门关闭，然后将油压表取下即可。

二、LW35-126型 SF₆ 断路器的结构和工作原理

LW35-126 型 SF₆ 断路器系户外交流三极 50Hz 高压输变电设备，用于分合额定电流、故障电流或转换线路，实现对输变电系统的保护、控制及操作，可以进行三相分闸、合闸及快速自动重合闸操作。

该型断路器具有采用最新设计原理，结构简单，体积小，耗材少；需要的操作能量小，可靠性高，安装容易，噪声低等特点。

（一）LW35-126 型 SF₆ 断路器的整体结构

LW35-126 型 SF₆ 断路器采用自能式灭弧原理，压气缸的直径缩小、质量减小，减少了操作功，从而可以配用弹簧操动机构（简称弹簧机构）。

每台断路器由装在同一横梁上的3个单极和1个弹簧机构组成，三极间为机械联动，弹簧机构安装在横梁下方的中间部位，电气控制系统置于机构箱内（见图1-16）。单极的上部为一个断口的灭弧室，中间为支柱瓷套，下部为用于密封及传动的拐臂盒（见图1-17）。

（二）LW35-126 型 SF₆ 断路器本体的结构和工作原理

LW35-126 型 SF₆ 断路器的灭弧室利用自能式灭弧原理，采用小直径压气缸、变开距和双向气吹的结构。利用电弧堵塞效应提高压气缸内的气体压力从而熄灭电弧。

如图1-17所示，系统电流的流经途径为：通过带有接线板的静触头座3、静触头5、主触头13、压气缸6、动触头7和带有接线板的动触头座8（合闸位置）。

分闸操作：弹簧机构带动拐臂盒11中的传动轴及其内拐臂，从而拉动绝缘拉杆9、动弧触头14、喷口12、主触头13和压气缸6向下运动，当静触头5和主触头13分离后，电流仍沿着未脱开的静弧触头4和动弧触头流动，当动、静弧触头也分离时其间产生电弧，在

喷口喉部未脱离静弧触头之前，电弧燃烧产生的高温高压气体流入压气缸与其中的冷态气体混合从而使压气缸中的压力升高，在喷口喉部脱离静弧触头之后，压气缸中的高压气体从喷口喉部和动弧触头喉部双向喷出，将电弧熄灭。

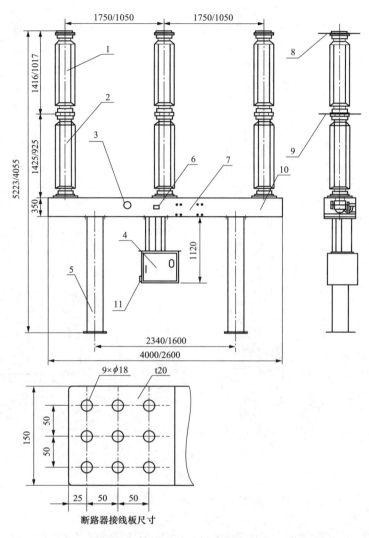

图 1-16 LW35-126 型 SF$_6$ 断路器整体结构示意图

1—灭弧室；2—支柱；3—密度继电器；4—弹簧机构；5—支架；6—分合指示；7—分闸弹簧；

8—上接线板；9—下接线板；10—横梁；11—接地排

合闸操作：弹簧机构带动所有运动部件按分闸方向的反方向运动到合闸状态，同时 SF$_6$ 气体通过回气装置 15 进入压气缸中，为下次分闸操作做好准备。

断路器的密封系统采用动密封和静密封两种形式。静密封采用双 O 形圈，动密封采用转动密封并使用 X 形密封圈（在拐臂盒 11 中），减少了运动过程中的磨损和泄漏。

（三）弹簧机构的结构和工作原理

弹簧机构的结构和工作原理如图 1-18 所示。

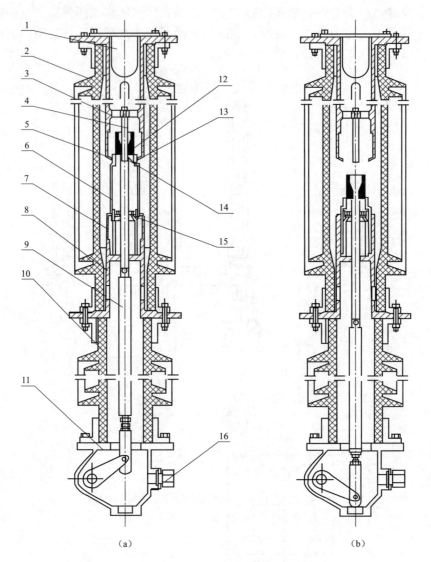

图1-17　LW35-126型SF₆断路器本体结构示意图

（a）合闸状态；（b）分闸状态

1—吸附剂；2—灭弧室瓷套；3—静触头座；4—静弧触头；5—静触头；6—压气缸；7—动触头；

8—动触头座；9—绝缘拉杆；10—支柱瓷套；11—拐臂盒；12—喷口；

13—主触头；14—动弧触头；15—回气装置；16—充气装置

1. 合闸储能操作

当断路器合闸操作完毕时，限位开关将储能电动机8接通，电动机带动棘爪5推动棘轮4顺时针旋转，通过拉杆将合闸弹簧1储能，棘轮过死点后，在合闸弹簧力的作用下棘轮受到顺时针旋转的力矩，但合闸脱扣器2又将棘轮上的合闸止位销3锁住，从而将机构保持在合闸预备状态［见图1-18（a）、（b）］。

2. 合闸操作

弹簧机构处于分闸位置且合闸弹簧1已储能［见图1-18（b）］。当合闸电磁铁受电动作后，合闸脱扣器 2 释放棘轮 4 上的合闸止位销 3，从而在合闸弹簧的作用下，棘轮通过传动轴 7 带动凸轮 9 顺时针旋转，凸轮又推动主拐臂 10 上的磙子 11，再带动主拐臂和通过拉杆 6 带动传动拐臂 15 逆时针旋转，将断路器本体合闸并对分闸弹簧储能。当断路器合闸到位后，分闸脱扣器 13 又将主拐臂上的分闸止位销 12 锁住，从而保持断路器本体在合闸位置和分闸弹簧在压缩储能状态［见图 1-18（c）］，为下一次分闸作准备。

3. 分闸操作

弹簧机构处于合闸位置并且分闸弹簧 14 被压缩储能时［见图 1-18（a）、（c）］，当分闸电磁铁受电动作后，分闸脱扣器 13 释放主拐臂 10 上的分闸止位销 12，从而在分闸弹簧 14 的作用下，传动拐臂 15 通过拉杆 6 带动主拐臂顺时针转动，将断路器本体分闸，并由分闸弹簧的预压缩力将其保持在分闸位置［见图 1-18（b）］。

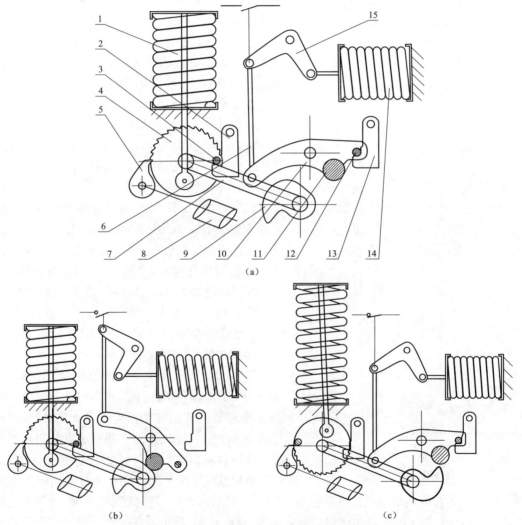

（a）

（b）　　　　　　　　　　　（c）

图 1-18　弹簧机构的结构示意图和工作原理
（a）合闸弹簧储能状态；（b）分闸弹簧未储能状态；（c）合闸弹簧未储能状态
1—合闸弹簧；2—合闸脱扣器；3—合闸止位销；4—棘轮；5—棘爪；6—拉杆；7—传动轴；
8—储能电动机；9—凸轮；10—主拐臂；11—磙子；12—分闸止位销；
13—分闸脱扣器；14—分闸弹簧；15—传动拐臂

项目三 高压断路器的控制回路

一、具有液压机构的控制回路

在电力系统中高压或超高压以上的断路器多采用液压机构。具有液压机构的断路器控制回路按功能主要分为分合闸继电器回路、分合闸线圈回路、非全相保护回路、各种闭锁回路、防跳回路和电动机控制回路等。控制回路的二次元件主要有：交、直流接触器（KM），中间继电器（包括防跳跃中间继电器 KF、非全相保护中间继电器 KL、闭锁继电器 KB），时间继电器（包括非全相延时继电器 KT1、电机打压时继电器 KT），辅助开关，计数器，转换开关（主副分选择开关、分合闸开关、远近控选择开关），温湿度控制器 S，电磁线圈保护器等。

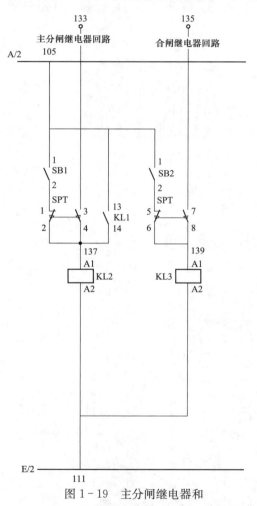

图 1-19 主分闸继电器和合闸继电器控制回路

为了提高断路器的分闸可靠性，控制电路中安装了两个分闸继电器，一个为主分闸继电器，另一个为副分闸继电器，分别控制主分闸线圈和副分闸线圈（副分闸控制回路在本项目中未显示）。而合闸继电器只安装了 1 个，用来接通合闸线圈回路。图 1-19 所示为主分闸继电器和合闸继电器控制回路。该回路中，SB1 是主分闸旋钮，SB2 是合闸旋钮，SPT 为近控远控选择开关。当 SPT 在近控位置时，1-2 和 5-6 触点是接通的，3-4 和 7-8 触点是断开的；当 SPT 在远控位置时，则触点状态相反，即 1-2 和 5-6 触点是断开的，3-4 和 7-8 触点是接通的。KL2 和 KL3 分别是主分闸继电器和合闸继电器。

图 1-20 所示为主分闸和合闸线圈控制回路，回路中 K1 为主分闸线圈，K3 为合闸线圈。Q1、Q3 为断路器的辅助开关；当断路器在分闸位置时，其辅助动合触点是断开的，动断触点是闭合的；当断路器在合闸位置时，其辅助动合触点是闭合的，辅助动断触点是断开的。KB1 为分闸闭锁继电器动断触点，KB2 为合闸闭锁继电器动断触点，KB3 主要用作 SF_6 气体低气压闭锁，KF 为防跳继电器，PC1 为计数器。图中显示的触点通断位置条件为：①断路器在分闸位置；②液压系统未储能；③SF_6 气体为零表压；④控制回路不带电。

该控制回路的动作情况如下。

（一）分闸

如图 1-19 所示，当 SPT 在近控位置时（这时 SPT 的 1-2 和 5-6 触点是接通的），可以旋转 SB1 旋钮至主分闸位置，此时 SB1(1-2) 触点接通，于是 KL2 线圈通电动作。KL2 在 A、B、C 三相中的动合辅助触点同时闭合（见图 1-20）。由于断路器在合闸位置，因此断路器的辅助开关 Q1 的动合触点是闭合的，当液压机构油压正常时，KB1 动断触点是闭合的，当 SF₆ 断路器的 SF₆ 气体压力正常时，KB3 动断触点也是闭合的，如图 1-20 中 A 相所示。此时合闸回路由电源一极经 KL2(1-2)、K1（主分闸线圈）、Q1(4-2 和 6-8)、KB1(21-22)、KB3(21-22) 达到另外一极，分闸回路接通，分闸线圈 K1 通电，产生电磁力，释放操动机构能源使断路器分闸。B 相和 C 相动作原理与 A 相一样，于是三相同时分闸。当分闸完成之后，由 Q1 辅助触点断开分闸线圈回路，以防分闸旋钮 SB1 返回太慢烧毁分闸线圈。

当 SPT 在远控位置时（这时 SPT 的 3-4 和 7-8 触点是接通的），可由远方的控制装置和保护装置进行分闸操作。

（二）合闸

在进行断路器的就地合闸操作时，先将合闸旋钮 SB2 旋转至合闸位置，此时 SB2(1-2) 触点接通，于是 KL3 线圈通电动作。KL3 在 A、B、C 三相中的动合辅助触点同时闭合（见图 1-20）。由于断路器在分闸位置，因此断路器的辅助开关 Q1 的动断触点是闭合的，当液压机构油压正常时，KB1 动断触点是闭合的，当 SF₆ 断路器的 SF₆ 气体压力正常时，KB3 动断触点也是闭合的，如图 1-20 中 A 相所示。此时合闸回路由电源一极经 KL3(1-2)、K3（合闸线圈）、KF(21-22)、Q1(9-11 和 13-15)、KB2(21-22)、KB3(21-22) 达到另外一极，合闸回路接通，合闸线圈 K3 通电，产生电磁力，释放操动机构能源使断路器合闸。B 相和 C 相动作原理与 A 相一样，于是三相同时合闸。当合闸完成之后，由 Q1 辅助触点断开合闸线圈回路，以防合闸旋钮 SB2 返回太慢烧毁分闸线圈。

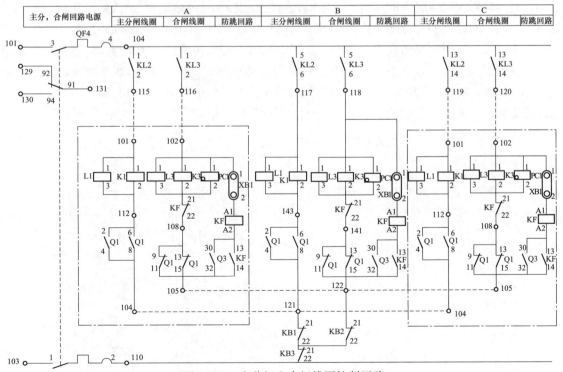

图 1-20 主分闸和合闸线圈控制回路

当 SPT 在远控位置时（这时 SPT 的 3-4 和 7-8 触点是接通的），可由远方的控制装置和保护装置进行合闸操作。

（三）防跳

合闸线圈控制回路装设了防跳继电器。防跳就是防止在断路器合闸到有故障的线路上时，断路器发生多次合、跳闸的跳跃现象。因为合闸到有故障的线路上时，线路的短路故障立刻反映出来，继电保护即动作跳闸。若此时操作人员仍使控制开关手柄停在"合闸"位置，断路器就会再次合闸，接着继电保护又再次动作，如此循环，形成断路器的跳跃现象。这种跳跃现象是不允许的，多次跳跃的后果，一方面可使断路器受到损坏，另一方面可使一次系统的工作受到严重影响。为了防止跳跃现象的发生，必须采用一定的防跳措施。

目前，有机械防跳措施的操动机构，一般来说防跳性能还是可靠的。但实际运行中，由于调整工作量很大，因此经常还需再加装电气防跳设备。当前采用最多的电气防跳措施，是在控制回路中加装防跳跃闭锁继电器 KF，如图 1-20 所示。防跳回路采用连接片 XB1 并联到合闸回路，当需要电气防跳功能投入时，就把连接片 XB1 接通，如果不需要电气防跳功能，就把连接片 XB1 断开。防跳继电器 F 有一对动合触点和一对动断触点。当电气防跳功能投入时，在断路器合闸完成之后瞬间，KF 由断路器的辅助触点 Q3(30-32) 接通，KF 的动断触点断开，切断合闸回路，以免断路器再次合闸；同时 KF 的动合触点闭合使 KF 线圈自保持，直到合闸继电器 KL3 失电，KF 才会复归。

（四）闭锁

图 1-21 中画出了液压机构分合闸低油压闭锁回路和 SF$_6$ 低气压闭锁回路。当液压机构油压较低时，会导致合分闸操作力的减小，从而影响断路器的分合闸时间和速度，加长电弧燃烧时间，对动静触头造成较大的伤害，严重时，可能造成灭弧室爆炸事故。因此液压机构油压较低时，要闭锁断路器的合分闸操作。当 SF$_6$ 气体气压较低时，同样会影响断路器的灭弧，甚至造成严重事故，这时也要闭锁合分闸操作。图中 KP1、KP3 为油压开关的触点，油压为额定值时，这些触点是断开的，当油压分别下降到它们的动作值时，KP1 和 KP3 就会接通，从而使 KB1 和 KB2 带电。由于 KB1 和 KB2 的动断触点分别串联在分合闸回路（见图 1-20），因此当油压降低到动作值时，它们的动断触点就会断开分合闸回路，实现分合闸操作的闭锁。

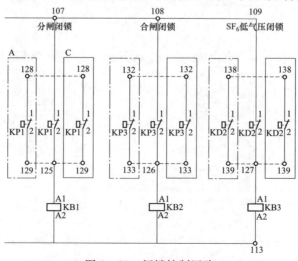

图 1-21 闭锁控制回路

同理，KD2 为 SF$_6$ 气体密度继电器的动断触点，SF$_6$ 气体在额定压力时，动断触点是断开的，当压力降低到它的动作值时，就会接通。由于 KB3 的动断触点串联在分合闸回路（见图 1-20），因此当气压降低到其动作值时，它们的动断触点就会断开分合闸回路，实现分合闸操作的闭锁。

（五）非全相保护

电力系统在运行时，由于某种原因，断路器三相可能断开一相或两相，造成非全相运行。非全相运行对电力系统运行影响很大，断路器合闸不同期，系统在短时间内处于非全相运行状态，由于中性点电压漂移，产生零序电流，将降低保护的灵敏度；由于过电压，可能引起中性点避雷器爆炸；由于非同期长加大重合闸时间，对系统稳定性不利；而分闸不同期，将延长断路器燃弧时间，使灭弧室压力增高，加重断路器负担；所以应将非同期运行时间尽量缩短。图 1-22 所示为断路器的非全相保护回路，当断路器合闸三相不一致时，电路就会接通 KL1 继电器（KL1 的动合触点在图 1-19 中），从而接通分闸回路，再次把断路器跳开。如图 1-22 所示，在断路器 A、B、C 三相分别取了一对辅助动合触点和一对辅助动断触点组成"田"字形的保护回路，如果断路器合闸，有一相或两相未合上，KT1 就会通电动作，其延时闭触点 KT1(25-28) 闭合，接通 KL1。时间继电器整定时间应躲过断路器正常的不同期合闸时间。

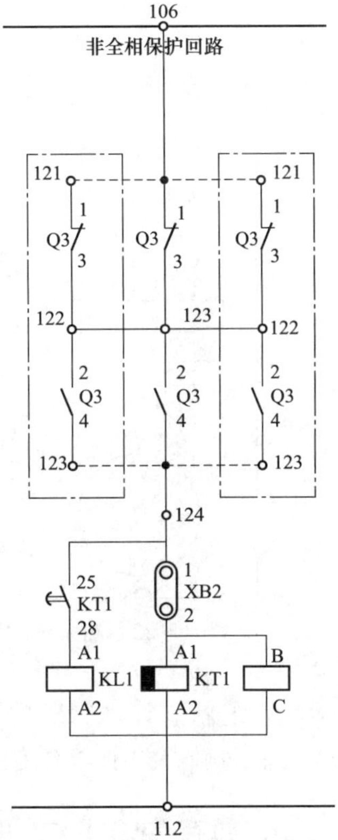

（六）油泵电动机控制

断路器每相机构箱内都装有一油泵电动机组，用三相交流电动机或直流电动机带动高压油泵储能，并由压力开关对其进行控制。图 1-23 为液压机构油泵电动机控制回路，当液压系统的油压不足额定油压或由额定油压降至电动机启动油压时，压力开关的 KP5 触点闭合，接触器的线圈 KM 得电，电动机启停控制回路接通，电动机启动，带动油泵打压储能；当油压上升到额定油压时，压力开关的触点 KP5 和 KP6 断开，接触器失电返回，切除电动机电源，储能结束。

（七）控制回路信号说明

1. 油泵电动机启动信号

油泵电动机由磁力启动器或直流接触器的动合辅助触点给出启动信号，由端子给出信号供用户使用，储能完毕返回，信号解除。

图 1-22 非全相保护控制回路

2. 油泵电动机打压超时信号

在油泵电动机得电启动的同时，时间继电器（KT）也得电启动，若电动机打压超过 2~2.5min，时间继电器（KT）动断触点断开，切断磁力启动器或直流接触器（KM），使电动机停止运转，时间继电器（KT）的另一对动合延时闭触点在经过同一时延后闭合，由端子给出打压超时信号。

3. 分、合闸信号

在断路器分闸时，辅助开关（Q1）的某对触点闭合，通过端子可给出分闸信号；在断

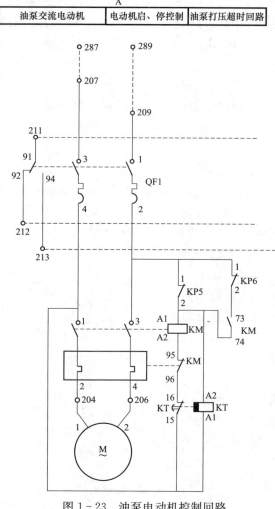

油泵交流电动机	电动机启、停控制	油泵打压超时回路

图 1-23　油泵电动机控制回路

路器合闸时，辅助开关（Q1）另一对触点闭合，通过端子可给出合闸信号。

目前，在 110kV 以上的中性点直接接地系统中，短路故障多是单相短路。当线路发生单相短路故障时，只断开故障相，其他两相可继续运行，然后故障相再进行单相自动重合，这对于提高线路输送容量及系统稳定性具有显著作用。因此，电压在 110kV 以上的重要负荷远距离输电线路，常装有单相重合闸装置或综合重合闸装置，采用单相重合闸要求线路的断路器每相都有单独的操动机构及传动机构。由于 110kV 以上的断路器形式和操动机构形式很多，其控制回路也各有不同，但控制回路必须能使断路器分相操作。

（八）控制回路主要元器件安装接线图

图 1-24 所示为断路器辅助开关 Q1 的安装接线图。图中 Q1 的辅助触点是断路器在分闸位置的状态，当断路器合闸后，所有这些触点通断情况与图中位置相反。图 1-25 所示为防跳继电器的安装接线图。图中防跳继电器 KF 的辅助触点是 KF 线圈失电情况下的状态，当 KF 线圈带电后，所有这些辅助触点通断情况与图中相反。图 1-26 所示为油泵电动机接触器 KM 的安装接线图。图中接触器 KM 的辅助触点是 KM 线圈失电情况下的状态，当 KM 线圈带电后，所有这些辅助触点通断情况与图中相反。Q1、KF、KM 的辅助触点并未全部使用。

二、具有弹簧机构的断路器控制回路

在 110kV 及以下电网中，断路器多采用弹簧机构，弹簧机构的断路器控制回路与液压操动机构的控制回路原理相似。图 1-27 所示为弹簧机构控制回路的原理图。表 1-4 为控制回路元器件说明。其控制回路原理说明如下。

（一）合闸

SBT1 是远控近控转换开关，当在远控位置时，SBT1(1-2) SBT1(5-6) 接通，在远方控制室进行控制；当在近控位置时，SBT1(3-4) SBT1(7-8) 接通，由安装在就地的控制开关进行控制。SBT2 是合分闸控制开关，当选择合闸时 SBT2(3-4) 接通，选择分闸时 SBT2(1-2) 接通。K1(21-22) 为防跳继电器的动断触点，原理与液压机构控制回路相似。K3(22-21) 为 SF_6 低气压闭锁继电器的触点，当气压正常时其触点是闭合的。K4(21-22) 是弹簧储能继电器的动断触点，当弹簧储能时，该触点是闭合的。S（1-3）为断路器的一对辅助触点，当断路器在分闸位置时该动断触点是闭合的。PC1 为计数器，记录断路器的合闸次数。K11 为合闸线圈，当线圈通电时断路器在合闸弹簧的作用下合闸，合闸完成后，由断路器的辅助触点 S（1-3）切断合闸回路，以免合闸线圈通电时间长而烧毁。

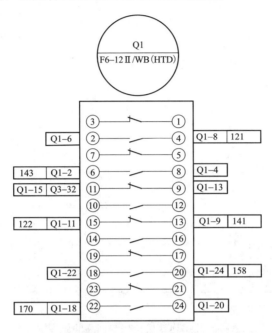

图 1-24　断路器辅助开关 Q1 的安装接线图

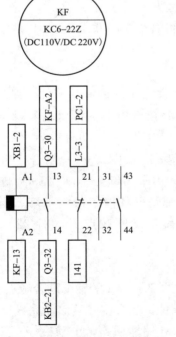

图 1-25　防跳继电器的安装接线图

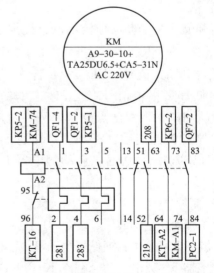

图 1-26　油泵电动机接触器 KM 的安装接线图

电源控制回路	合闸控制回路	防跳控制回路	分闸控制回路	SF$_6$气体压力过低控制回路	最低功能压力闭锁控制回路	合闸簧储能状态信号	SF$_6$气压过低报警信号	电动机手动电动连锁开关	电动机储能控制回路

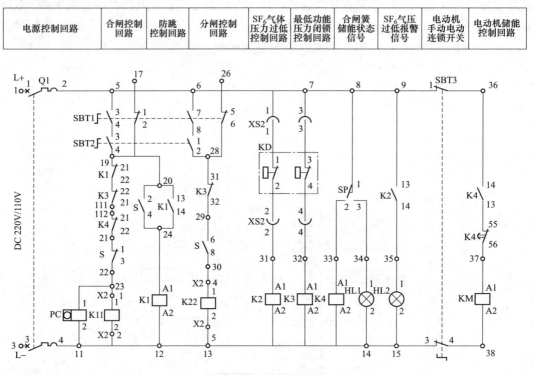

图 1 - 27　弹簧机构控制回路的原理图

（二）分闸

当需要进行分闸时，由 SBT2 分合闸控制开关或远方控制开关接通分闸回路，使分闸线圈 K22 通电，断路器在分闸弹簧的作用下分闸。分闸回路中串联了 K3（31-32）和 S（6-8）的作用与合闸回路的 K3（22-21）和 S（1-3）是相同的。

（三）信号

具有弹簧机构的断路器控制回路提供了 SF$_6$ 气体低气压报警信号和合闸弹簧未储能信号。图 1 - 27 中，KD（1-2）和 KD（3-4）是 SF$_6$ 气体密度继电器的两对动断触点，当气体压力降低到其动作值时，KD（1-2）首先闭合，启动继电器 K2，动合触点 K2（13-14）闭合，发出低气压报警信号。当 SF$_6$ 气体压力继续降低时，KD（3-4）闭合，启动继电器 K3，继电器 K3 的两对触点分别串联在分闸回路中，用来闭锁分合闸。SP 为储能位置开关，当合闸弹簧储能后，SP（1-3）接通，点亮合闸弹簧已储能信号指示灯。当合闸弹簧未储能时，SP（1-2）接通，启动继电器 K4，K4 的辅助动断触点 K4（21-22）断开合闸回路。

（四）储能

当合闸弹簧能量释放后，SP（1-2）接通，启动继电器 K4，K4 的辅助动合触点 K4（14-13）闭合，接触器 KM 通电接通储能电动机，使合闸弹簧储能。当合闸弹簧储能完成后，SP（1-2）断开，继电器 K4 失电，动合触点 K4（14-13）断开 KM 储能回路，电动机停止转动。如果由于意外合闸弹簧储能完不成或储能完成后 SP 切换不了，则储能电动机会一直旋转，这时就由延时断开触点 K4(55-56) 断开储能电动机控制回路。

图 1-27 所示弹簧机构控制回路元器件说明见表 1-4。

表 1-4 弹簧机构控制回路元器件说明

文字符号	说 明	型 号
Q1	控制回路开关	C45N-2 6A 2P+SD 小型断路器
SBT1	近控/远控选择	LWZ2-16/2N029 转换开关；LW8-10N 721/2GL 转换开关
SBT2	合、分控制开关	LWZ2-16/2B020 转换开关；LW8-10N 715/2GL 转换开关
SBT3	手动/电动连锁	LWZ2-16/1C020 转换开关；LW8-10T 290/1GL 转换开关
KD	密度继电器	ZMJ1-T-0.5 充油型 SF_6 气体密度继电器
K1	防跳继电器	JZC4-22Z/TH 接触器式继电器
K2	SF_6 气压过低报警继电器	JZC4-22Z/TH 接触器式继电器
K3	SF_6 最低功能压力闭锁继电器	JZC4-22Z/TH 接触器式继电器
K4	储能控制延时继电器	JZC4-22Z/TH 接触器式继电器＋SK8-DT2 空气延时
K11	合闸线圈	5P3.520.015 电流 2.80A
K22	分闸线圈	5P3.520.015 电流 2.80A
SP	储能位置开关	LXW5-11G3 微动开关
KM	电动机控制接触器	CJX2-209Z/TH 直流控制交流接触器
EHD	驱潮器	SJR7-100 型电热去湿器（220V、100W）
EHK	加热器	SJR7-100 型电热去湿器（220V、100W）
M	交直流电动机	S568B PG 交直流电动机
PC	计数器	404.481 型 6 位可回零电磁计数器
HL1	合簧储能信号灯	AD11-25/22 信号灯（DC 2202V 绿色）
HL2	SF_6 低气压报警信号灯	AD11-25/22 信号灯（DC 2202V 黄色）
ST	温控开关	SHNK-A 型温度控制器
X1	端子排接线端子	UK5N 通用接线端子
X2	合分闸线圈接线端子	UK5N 通用接线端子
S	辅助开关	F□-24Ⅱ/L 辅助开关
XS1	三孔电源插座	10A/220V
XS2	FQ 防水插头座	OTK16.540.003

项目四　高压断路器的巡视与操作

一、高压断路器的正常运行条件

（1）断路器工作条件必须符合制造厂规定的使用条件，如户内或户外、海拔、环境温度、相对湿度等。

（2）断路器的性能必须符合 GB 1984—2024《交流高压断路器》要求及有关技术条件。

（3）断路器在电网中的装设位置必须符合断路器技术参数的要求，如额定电压、开断电流等。各参数调整值必须符合制造厂规定的要求。

（4）断路器、机构的接地应可靠，接触必须良好可靠，防止因接触部位过热而引起断路器事故。

（5）与断路器相连接的回流排接触必须良好可靠，防止因接触部位过热而引起断路器事故。

（6）断路器本体、相位油漆及分合闸机械指示等应完好无缺，机构箱及电缆孔洞使用耐火材料封堵，场地周围应清洁。

（7）在满足上述要求的情况下，断路器的瓷件、机构等部分应处于良好状态。

（8）在下述情况下，断路器严禁投入运行：

1）严禁将有拒跳或合闸不可靠的断路器投入运行。

2）严禁将严重缺油、漏气、漏油及绝缘介质不合格的断路器投入运行。

3）严禁将动作速度、同期、跳合闸时间不合格的断路器投入运行。

4）断路器合闸后，由于某种原因，一相未合闸，应立即拉开断路器，查明原因。另外，在缺陷消除前，一般不可进行第二次合闸操作。

二、巡视与操作危险点分析与安全控制措施

高压断路器本体及操动机构的巡视和操作危险点分析与安全控制措施可以参考表 1-5。

表 1-5　　高压断路器本体及操动机构的巡视与操作危险点分析与安全控制措施

实训模块	序号	危险点分析及安全控制措施
高压断路器本体的巡视	1	危险点：巡视人员选派不当，导致安全事故发生，巡视质量没保证 措施：所派巡视人员精神状态良好，工作前 4h 不得饮酒，必须为经过企业领导批准的允许单独巡视人员
	2	危险点：巡视不到位，没有发现断路器压力异常 措施：巡视要认真全面，把握巡视要点
	3	危险点：进入室内 SF_6 设备区内，没有开启通风设备，造成人员中毒 措施：进入 SF_6 设备区内，提前开启通风设备
	4	危险点：SF_6 气体压力异常，巡视没有发现，造成设备爆炸伤人 措施：每周记录 SF_6 气体压力 1 次
	5	危险点：巡视不到位，没有发现断路器发热、绝缘子破裂放电、异声状况 措施：巡视要认真全面，把握巡视要点。采用耳听、目视、鼻子闻等方法

实训模块	序号	危险点分析及安全控制措施
液压机构的巡视	1	危险点：操动机构发生漏气、漏氮，弹簧脱落没有及时发现，造成断路器拒动 措施：巡视操动机构要认真仔细
	2	危险点：操动机构发生漏气闭锁没有采取紧急制动措施，造成断路器跳闸后慢分，从而引起爆炸 措施：断开断路器控制回路开关电源，采用顶杆把机构锁死，防止断路器慢分闸
	3	危险点：操作后机构销子脱落，造成机构没有拉开相，单相或者多相带负荷拉隔离开关 措施：巡视时重点检查各种销子位置
	4	危险点：位置指示器与实际位置不符，造成多相带负荷拉隔离开关 措施：巡视时重点检查机构指示开关位置是否与实际相符
高压断路器的操作	1	检查断路器位置要结合表计、机械位置指示、拉杆状态、灯光、弹簧拐臂等综合判断，严禁仅凭一种现象判断断路器位置
	2	严防走错间隔，造成误拉合运行断路器
	3	正常情况下严禁使用万用钥匙操作

三、主要巡视作业程序、操作内容及工艺标准

高压断路器本体和操动机构巡视作业程序、操作内容及工艺标准可以参考表 1-6。

表 1-6　　高压断路器本体和操动机构巡视作业程序、操作内容及工艺标准

实训模块	项目	内容及工艺标准
高压断路器本体的巡视	（1）检查 SF_6 断路器位置	断路器的位置指示器正确
	（2）检查 SF_6 设备信号及指示灯	各种指示灯及加热装置正确
	（3）检查 SF_6 断路器的计数器	断路器动作计数器指示值正确
	（4）检查操动机构是否有漏气或漏油现象	无漏气或漏油
	（5）判断 SF_6 断路器是否有异响或异臭	无异响或异臭
	（6）检查断路器支持绝缘瓷套、灭弧室瓷套	瓷套管应清洁，无破损裂纹和放电痕迹
	（7）检查断路器及机构箱外壳是否接地良好	各种螺钉无松动，外壳接地良好
弹簧机构的巡视	（1）检查机构箱	表面无锈蚀，无变形，无渗漏雨水现象
	（2）检查清理电磁铁扣板、掣子	（1）分、合闸线圈安装牢固，无松动、卡伤、断线现象，直流电阻符合要求，绝缘应良好 （2）衔铁、扣板、掣子无变形，动作灵活
	（3）检查传动连杆及其他外露零件	无锈蚀，连接紧固
	（4）检查辅助开关	触点接触良好，切换角度合适，接线正确
	（5）检查分合闸弹簧	无锈蚀，拉伸长度符合要求
	（6）检查分合闸缓冲器	测量缓冲曲线符合要求
	（7）检查分合闸指示器	指示位置正确，安装连接牢固
	（8）检查二次接线	接线正确
	（9）检查储能开关	动作正确
	（10）检查储能电动机	电动机零储能时间符合要求

续表

实训模块	项　目	内容及工艺标准
液压机构的巡视	（1）检查操动机构压力状况	压力正常
	（2）检查连接杠杆部分销子	机构销子不应脱落
	（3）检查机构有无锈蚀	机构无变形，无锈蚀，齿轮没有脱出现象
	（4）检查操动机构接触部分	接触良好，机构灵活可靠
	（5）检查位置指示器	位置指示器与实际相符

四、主要操作程序、操作内容及工艺标准

SF_6 断路器的就地操作程序、操作内容及工艺标准可以参考表 1-7。

表 1-7　　　　　　　　　　SF_6 断路器的就地操作程序、操作内容及工艺标准

实训模块	项　目	内容及工艺标准
SF_6 高压断路器的就地操作	合闸操作	（1）检查机构储能应正常，检查 SF_6 气体正常，合闸电源已投入 （2）监护人宣读操作项目，操作人手指断路器的名称、标示牌进行复诵 （3）核对无误后，监护人发出"对，可以操作"的执行令，操作人进行解锁 （4）操作人将远、近控钥匙切至就地位置 （5）操作人手握断路器把手，按正确合闸方向进行操作，将断路器把手切至合闸位置 （6）操作中操作人要检查灯光与表计是否正确 （7）操作结束后，操作人手离断路器把手，回答"执行完毕" （8）操作后现场检查断路器实际位置 （9）检查操作正确后操作人将远、近控钥匙切至遥控位置 （10）监护人核对操作无误后，根据需要盖上闭锁帽或挂牌
	分闸操作	（1）检查机构储能应正常，检查 SF_6 气体正常，操作电源已投入 （2）监护人宣读操作项目，操作人手指断路器的名称、标示牌进行复诵 （3）核对无误后，监护人发出"对，可以操作"的执行令，操作人进行解锁 （4）操作人将远、近控钥匙切至就地位置 （5）操作人手握断路器把手，按正确分闸方向进行操作，将断路器把手切至分闸位置 （6）操作中操作人要检查灯光与表计是否正确 （7）操作结束后，操作人手离断路器把手，回答"执行完毕" （8）操作后现场检查断路器实际位置 （9）检查操作正确后操作人将远、近控钥匙切至遥控位置 （10）监护人核对操作无误后，根据需要盖上闭锁帽或挂牌

五、高压开关设备巡视与操作的基本要求

（一）高压开关设备的巡视周期

（1）投入电网运行和处于备用状态的高压开关设备必须定期进行巡视检查，对各种值班方式下的巡视时间、次数、内容，各单位应做出明确的规定。

（2）有人值班的变电站每次交接班前巡视 1 次，正常巡视不少于 2 次；每周应进行夜间闭灯巡视 1 次，站长每月进行 1 次监视性巡视。

（3）无人值班的变电站每 2 天至少巡视 1 次；每月不得少于 2 次夜间闭灯巡视。

（4）根据天气、负荷情况及设备健康状况和其他用电要求进行特殊巡视。

（二）高压开关设备的特殊巡视

（1）设备新投运及大修后，巡视周期相应缩短，72h 以后转入正常巡视。

（2）遇有下列情况，应对设备进行特殊巡视：

1）设备负荷有显著增加；

2）设备经过检修、改造或长期停用后重新投入系统运行；

3）设备缺陷近期有发展；

4）恶劣气候、事故跳闸和设备运行中发现可疑现象；

5）法定节假日和上级通知有重要供电任务期间。

（3）特殊巡视项目。

1）大风天气：引线摆动情况及有无搭挂杂物。

2）雷雨天气：瓷套管有无放电闪络现象。

3）大雾天气：瓷套管有无放电、打火现象，重点监视污秽瓷质部分。

4）大雪天气：根据积雪融化情况，检查接头发热部位，及时处理悬冰。

5）温度骤变：检查注油设备油位变化及设备有无渗漏油等情况。

6）节假日时：监视负荷及增加巡视次数。

7）高峰负荷期间：增加巡视次数，监视设备温度，触头、引线接头，特别是限流元件接头有无过热现象，设备有无异常声音。

8）短路故障跳闸后：检查隔离开关的位置是否正确，各附件有无变形，触头、引线接头有无过热、松动现象，油断路器有无喷油，油色及油位是否正常，测量合闸熔丝是否良好，断路器内部有无异声。

9）设备重合闸后：检查设备位置是否正确，动作是否到位，有无不正常的音响或气味。

10）严重污秽地区：检查瓷质绝缘的积污程度，有无放电、爬电、电晕等异常现象。

（三）高压断路器的操作

1. 高压断路器的正常操作

（1）断路器投运前，应检查接地线是否全部拆除，防误闭锁装置是否正常。

（2）操作前应检查控制回路和辅助回路的电源，检查机构是否已储能。

（3）检查油断路器油位、油色是否正常；真空断路器灭弧室有无异常；SF_6 断路器气体压力是否在规定的范围内；各种信号是否正确、表计指示是否正常。

（4）停运超过 6 个月的断路器，在正式执行操作前应通过远方控制方式进行试操作 2～3 次，无异常后方能按操作票拟定的方式操作。

（5）操作前，检查相应隔离开关和断路器的位置，应确认继电保护装置已按规定投入。

（6）操作控制把手时，不能用力过猛，以防损坏控制开关；不能返回太快，以防时间短断路器来不及合闸。操作中应同时监视有关电压、电流、功率等表计的指示及红绿灯的变化。

（7）操作开关柜时，应严格按照规定的程序进行，防止由于程序错误造成闭锁、二次插头、隔离挡板和接地开关等元件损坏。

（8）断路器（分）合闸动作后，应到现场确认本体和机构（分）合闸指示器及拐臂、传动杆位置，保证断路器确已正确（分）合闸。同时检查断路器本体有无异常。

（9）断路器合闸后检查：

1）红灯亮，机械指示应在合闸位置；

2）送电回路的电流表、功率表及计量表是否指示正确；

3）电磁机构电动合闸后，立即检查直流盘合闸电流表指示，若有电流指示，说明合闸线圈有电，应立即拉开合闸电源，检查断路器合闸接触器是否卡涩，并迅速恢复合闸电源；

4）在合闸后应检查弹簧机构弹簧是否储能。

（10）断路器分闸后的检查：

1）绿灯亮，机械指示应在分闸位置；

2）检查表计指示是否正确。

2.高压断路器的异常操作

（1）电磁机构严禁用手动杠杆或千斤顶带电进行合闸操作；

（2）无自由脱扣的机构，严禁就地操作；

（3）液压（气压）操动机构，如因压力异常导致断路器分、合闸闭锁时，不准擅自解除闭锁，进行操作；

（4）一般情况下，凡能够电动操作的断路器，不应就地手动操作。

3.高压断路器故障状态下的操作

（1）断路器运行中，由于某种原因造成油断路器严重缺油，SF_6断路器气体压力异常，发出闭锁操作信号，应立即断开故障断路器的控制电源。断路器机构压力突然降到零，应立即拉开打压及断路器的控制电源，并及时处理。

（2）真空断路器，如发现灭弧室内有异常，应立即汇报，禁止操作，按调度命令停用开关跳闸连接片。

（3）油断路器由于系统容量增大，运行地点的短路电流达到断路器额定开断电流的80%时，应停用自动重合闸，在短路故障开断后禁止强送。

（4）断路器实际故障开断次数仅比允许故障开断次数少一次时，应停用该断路器的自动重合闸。

（5）分相操作的断路器发生非全相合闸时，应立即将已合上相拉开，重新操作合闸一次。如仍不正常，则应拉开合上相并切断该断路器的控制电源，查明原因。

（6）分相操作的断路器发生非全相分闸时，应立即切断该断路器的控制电源，手动操作将拒动相分闸，查明原因。

项目五　高压断路器的调整与试验

断路器在投入运行前，应作以下检查和调整，并应满足出厂参数。

一、检查主要机械尺寸

用断路器慢分、慢合的方法测量断路器（LW10B-252型）的机械尺寸，应符合：行程200mm±1mm，超行程40mm±4mm（超行程＝断路器总行程－合闸时到刚合点的行程）。测量超行程时，一般应从分闸位置开始，通过慢合测量，而不应从合闸位置开始，通过慢分测量。

二、检查和调整液压系统主要特性

LW10B-252/3150-40 型高压断路器液压系统参数见表 1-8。

表 1-8　　　　　LW10B-252/3150-40 型高压断路器液压系统参数

项　　目	规定值（MPa）
储压器预充氮气压力（15℃）①	17+1.00
额定油压	28.0±1
油泵启动油压	27.0±1↓②
油泵停止油压	28.0±1↑
安全阀开启油压	32±2↑
安全阀关闭油压	≥28↓
重合闸闭锁油压	25.5±0.5↓
重合闸闭锁解除油压	≤27↑
合闸闭锁油压	24±0.5↓
合闸闭锁解除油压	≤26↑
分闸闭锁油压	22±0.5↓
分闸闭锁解除油压	≤24↑

注　1. 如果测量预压力时环境温度为 t℃，按下式折算：$P_t = P(15℃) + 0.075 \times (t-15℃)$。
　　2. ↑表示压力上升时测量，↓表示压力下降时测量。

三、检漏

断路器按规定充入 SF_6 气体后，按现场检漏规程检漏，各点漏气率应符合其要求。

四、微水测量

按现场水分测量规程对断路器内 SF_6 气体含水量进行测量，气体中水分含量应不大于 150ppm。

五、测量主回路电阻

断路器处于合闸位置，通以 100A 直流电流，在其进出线接线板两端（不包括接线板的接触电阻）测得的电压降不应大于 4.5mV，即断路器的主回路电阻不大于 $45\mu\Omega$。

六、控制回路工频耐压

断路器的电气控制回路中，导电部分与底座之间、不同导电回路之间、同一导电回路的各分断触头之间工频耐压 2kV 1min，不应发生闪络或击穿，其中电动机绕组、继电器线圈应能承受工频 1kV 1min 耐压。

七、机械特性测量

断路器出厂时已对速度和时间进行了测量并调整至合格，现场建议不再测量，仅验证、调整分、合闸同期性即可。LW10B-252/3150-40 型高压断路器的主要机械参数见表 1-9。

表 1-9　　　　　　　　LW10B-252/3150-40 型高压断路器的主要机械参数

项　目		参　数
分闸时间（ms）		≤32
合闸时间（ms）		≤100
合—分时间（ms）	出厂时	35≤t≤60
	运行时	t≤60±5
分闸同期性（ms）		≤3
合闸同期性（ms）		≤5
分闸速度（m/s）		9.0±1.0
合闸速度（m/s）		4.6±0.5

注　该型断路器的合—分时间为 35ms≤t≤60ms，为保证断路器在重合闸时能可靠地熄弧，运行时控制回路应加以校正使之达到 60ms±5ms。

八、机械操作试验

DL/T 596—2021《电力设备预防性试验规程》规定了操动机构合分闸线圈动作电压：

（1）操动机构分、合闸电磁铁或合闸接触器端子上的最低动作电压应在操作电压额定值的 30%～65%；

（2）在使用电磁机构时，合闸电磁铁线圈通流时的端电压为操作电压额定值的 80%（关合电流峰值等于及大于 50kA 时为 85%）时应可靠动作；

（3）其他应按制造厂规定。

LW10B-252/3150-40 型高压断路器在额定 SF_6 气压的情况下，按表 1-10 中规定的方法及次数进行机械操作试验。

表 1-10　　　　　　　LW10B-252/3150-40 型高压断路器的机械操作试验规定

序号	操作油压（MPa）	分合闸线圈电压（%）		操作循环	试验次数
		分	合		
1	29.5	120	110	合、分	2
2	29.5	60	85	合、分	2
3	24	—	85	合	2
4	22	—	65	分	2
5	24	—	110	合	2
6	22	120	—	分	2
7	28	100	100	分—合—分	2
8	28	100	100	合、分	5
9	28	30	—	分	3（不能分）

项目六　高压断路器典型测试仪的使用说明

一、SF_6 检漏仪的使用与维护

1. SF_6 检漏仪介绍

SF_6 检漏仪分为定性检漏仪和定量检漏仪两种。定性检漏仪只能确定 SF_6 电气设备是

否漏气，不能确定漏气量，也不能判断年漏气率是否合格，但价格便宜，操作简单，在不需要准确测量泄漏量的情况下使用非常方便，一般用于日常维护，目前在变电检修工作中使用比较多。定量检漏仪可以测量 SF$_6$ 气体的含量，通过测量和相应的计算可以确定年漏气率的大小，从而判断产品是否合格，主要用于设备制造、安装、大修和验收，但价格相对较高。

2. SF$_6$ 检漏的目的和要求

电力系统中很多设备是采用 SF$_6$ 气体作为绝缘介质和灭弧介质的，这些设备对其气室内 SF$_6$ 气体的压力要求非常严格。当 SF$_6$ 气体压力降低时，SF$_6$ 气体的绝缘性能和灭弧性能随之下降，保证不了设备的安全，严重时可导致设备爆炸，所以，对于充 SF$_6$ 气体的电气设备，最好基本条件是具有良好的密封性能，不产生泄漏。在变电检修工作中需要对这些设备的密封点利用 SF$_6$ 检漏仪进行检测。

下列情况下需要对 SF$_6$ 气体绝缘设备进行检测：

（1）SF$_6$ 气体绝缘设备安装完毕，在投运前（充气 24h 后）应对设备检漏。

（2）新设备投运后一般每 3 个月检漏 1 次，也可 1 年内复校 1 次。稳定后，每 1～3 年检漏 1 次。

（3）SF$_6$ 压力降低较快时。

3. SF$_6$ 检漏仪使用前的准备

由于 SF$_6$ 检漏仪的型号较多，生产厂家也比较多，在使用不同型号的测试仪前，应先做好以下工作：

（1）仔细阅读该型号检漏仪的使用说明书，掌握检漏仪的使用方法。

（2）按照随机清单，检查所配测试线及其附件是否齐全、完好。

（3）检查检漏仪电源工作是否正常。

4. SF$_6$ 检漏仪测试的注意事项

（1）SF$_6$ 气体绝缘设备充气至额定压力，经过 12～24h 之后方可进行气体泄漏检测。

（2）为了消除环境中残余的 SF$_6$ 气体的影响，检测前应该吹净设备周围的 SF$_6$ 气体，双道密封圈之间残余的气体也要排尽。

（3）采用包扎法检测时，包扎腔尽量采用规则的形状，如方形、柱形等，从而易于估算包扎腔的体积。在包扎的每一部位，应进行多点检测，取检测的平均值作为测量结果。

（4）采用扣罩法检漏时，由于扣罩体积较大，应特别注意扣罩的密封，防止收集气体的外泄。检测时应在扣罩内上下、左右、前后多点测量，以检测的平均值作为测量结果。

（5）只有不能找到泄漏点时，才能把灵敏度向上调整。只有复位装置不允许"自动寻找"泄漏点时，才能把灵敏度向下调整。

（6）在被气体严重污染的地方，可把装置复位，以隔断四周气体的浓度。装置复位时，不要移动探头。

（7）在风大的地方，即使是大的泄漏也难找到。这种情况，最好把可能泄漏的地方屏蔽起来。

（8）如果传感头接触到水分或溶剂，可使检漏仪报警，所以在检漏时要防止接触这些东西。

（9）更换传感头前必须把装置断开，否则可引起轻度电击。

（10）检测现场不能使用汽油、松节油、矿质油漆等物质，因为这些残留物会降低装置的灵敏度。

5. SF_6 检漏仪测试误差分析

将测试结果填写在相应的检修记录上，测试结果如不合格，根据实际情况进行相应的处理。扣罩法、局部包扎法、挂瓶法、压力降法测得的结果与实际泄漏值都有一定的误差，引起误差的主要原因有：

（1）收集泄漏 SF_6 气体的腔体不可能做到绝对密封，泄漏气体有外泄的可能。

（2）扣罩法、局部包扎法在估算收集腔体积时存在误差，包扎腔不规则，估算体积不准确。

（3）环境中残余的 SF_6 气体带来影响。

（4）检漏仪的准确度影响造成检测误差。

6. SF_6 检漏仪的维护

SF_6 检漏仪的维护工作主要是针对传感头进行，分为保持传感头清洁和更换传感头。

（1）保持传感头清洁。充分利用所提供的传感头保护套，以防止灰尘、水分及油脂的聚集。不能使用未装好传感头保护套的装置。在使用装置前，检查传感头及保护套是否有污物或油脂。污物清洗的方法如下：

1）握紧并拉出传感头，把保护套取下。

2）用毛巾或压缩空气清洗保护套。

3）传感头脏污可浸在温和的溶剂（如酒精）中清洗几秒钟，然后用压缩空气或毛巾清洁。

（2）更换传感头。传感头的寿命与工作环境及使用频率有关，因此很难确定更换周期。只要传感头变得反常，如在清洁纯净的空气环境中报警就要更换。

思考与练习

1. SF_6 电气设备为什么要进行检漏？什么情况下需对 SF_6 电气设备进行检测？

2. 使用 SF_6 检漏仪的注意事项是什么？

3. 简述用 SF_6 检漏仪对 SF_6 断路器进行检测的步骤及要求。

知识拓展

KDWG-Ⅲ型 SF_6 检漏仪的检测步骤及要求

一、SF_6 气体定性检漏仪面板

SF_6 气体定性检漏仪面板如图1所示。

二、SF_6 气体定性检漏仪的使用方法

（1）打开仪器电源开关，██灯亮。

（2）液晶屏显示"欢迎使用"字样，仪器进行初始化，时间大约为10s。初始化的过程即仪器采集当前空气中 SF_6 气体含量基准值的过程（一般情况下基准值为零，特殊情况下，如 SF_6 开关厂，空气中含有恒定微量的 SF_6 气体，此时基准值有数字显示）。

（3）充电。当整机工作，设备发出蜂鸣报警时，表示电池电量不足，需使用充电器给仪器充电。具体步骤是将随机携带的充电器插头接插到仪器左上方插座上，充电器另一

端两芯插头接 220V 交流电。此时，![] 灯亮，表示仪器正在充电，充电 8h 仪器可工作 8h 以上。

（4）初始化完成后，仪器显示自动进入第二屏，如图 2 所示。

第一行测量值显示仪器当前测试的泄漏值，该值会实时更新；第二行最大值显示测试过程中所测到的气体泄漏最大值；第三行基准值显示仪器初始化过程中测试的空气中 SF_6 气体的基准值，如需重新测量基准值按仪器复位键即可。

（5）仪器测量出基准值后即进入准备测量状态，此时按下测量键进入第三屏，如图 3 所示。

此时，将手持式探头接近检漏点，并轻微左右移动，测量值根据现场环境浓度不断变化，5s 后显示此次测试过程中的最大测量值，进入第四屏，如图 4 所示。

图 1　SF_6 气体定性检漏仪面板

1—探头；2—充电插座；3—声光报警指示灯；4—按键；

5—探头手柄；6—电池电量指示灯；7—充电指示灯；

8—电源开关；9—液晶显示屏

仪器工作时，SF_6 气体泄漏浓度越大，则声光报警指示灯亮得越多。当最大值大于基准值时，仪器则发出一定声讯频率的声音，并且可以根据显示结果计算出相对泄漏值。

测量值：0000　ppm	测量值：0000　ppm	测量值：0056　ppm
最大值：0000　ppm	最大值：███　ppm	最大值：0087　ppm
基准值：0030　ppm	基准值：0030　ppm	基准值：0030　ppm

图 2　仪器第二屏显示界面　　　图 3　仪器第三屏显示界面　　　图 4　仪器第四屏显示界面

（6）按测量键，仪器重复步骤（5）测量不同泄漏点，直至满足测量需求为止。

（7）按复位键后，仪器自动返回步骤（2），重新测试基准值，这样可进行多检漏点测量，直至满足测量需要为止。

（8）检漏完毕后，把仪器电源开关拨至关位置，关闭仪器，然后将仪器及探头放回机箱。

二、回路电阻测试仪的使用与维护

1. 回路电阻测试仪介绍

回路电阻测试仪是测量断路器、隔离开关和其他流经大电流接点的导电回路电阻的通用测量仪器，也是变电检修工作中使用比较多的一种仪器。随着电子技术的发展，回路电阻测试仪广泛采用了高频开关恒流源、高精度 A/D 采样板、高集成度微处理器单元、微型打印机单元、大字符液晶显示器等新技术，具有测试数据稳定、精度高、抗干扰能力强等特点。其输出电流有 DC 100A、DC 200A、DC 400A 等不同等级。

2. 回路电阻测试的目的

电气设备的导电回路中常有两个金属面接触，其接触面（尤其是两种不同金属的接触面）会出现氧化、接触紧固不良等各种现象导致的接触电阻增大，在大电流通过时接触点温度升高，加速接触面氧化，使接触电阻进一步增大，持续下去将产生严重的故障。电气设备中回路电阻的测试能为检修人员提供数据依据，使检修人员能够依靠这些数据的大小和变化情况判断设备导电回路各接触部位接触的状态，确保电力系统安全、稳定地运行。所以在变电检修工作中必须定期对接触电阻进行测量。

在下列情况下要进行回路电阻的测试：

（1）断路器、隔离开关大修后。

（2）断路器灭弧室更换后。

（3）断路器传动部分部件更换后。

（4）断路器、隔离开关安装后。

（5）必要时。

3. 回路电阻测试仪测试前的准备

由于回路电阻测试仪的型号较多，生产厂家也比较多，使用方法稍有不同，在使用不同型号的回路电阻测试仪前，应先做好以下工作：

（1）仔细阅读该型号测试仪的使用说明书，掌握测试仪的使用方法。

（2）按照随机清单，检查所配测试线及其附件是否齐全、完好。

（3）检查打印纸是否足够。

（4）检查测试仪电源工作是否正常。

（5）检查设备技术参数。

4. 回路电阻测试仪测试的注意事项

（1）测量前，接好所有测量线后，方可开机，测试过程中不能断开测量线。

（2）不能用于测试带电导体和有电感元器件的回路电阻值。

（3）测试高、低压开关设备时，被测开关设备必须充分放电后方可接线，以确保安全。

（4）测试电流线不可随意更改。如更改，必须保证导线电阻值与原配线相等。

（5）测试夹子不宜任意更改。若需换夹子时，容量必须符合要求。

（6）测试时应将电压夹接在电流夹内侧。

5. 回路电阻测试仪测试结果处理

将测试结果打印出来，与被测试设备的技术参数进行对比，测试结果如在合格范围内，即在相应的检修记录上填上数据，并把打印纸粘贴在检修记录上，工作结束后上交主管部门审核。测试结果如果不合格，根据实际情况进行相应的处理。

6. 回路电阻测试仪的维护

（1）回路电阻测试仪属于精密仪器，不要擅自打开机壳。

（2）仪器存放时不能受潮，搬运时注意小心轻放，尽量减少振动。

（3）回路电阻测试仪应定期进行校验，保证精确度。

（4）若开机后无反应，液晶显示屏无显示，可检查有无交流电源，检查电源电缆，检查熔断器座内熔丝是否烧断。

（5）若测试时，液晶显示屏显示不正常，可检查电流输出线有没有接好，是否接触不良或被测件接头是否被氧化；检查电流输出线与电压输入线极性是否接反。

（6）若测试时，液晶显示屏显示的电阻值与被测阻值相差很大，可检查电压测试接线是否接在电流输出线内侧；检查电压输入接线是否氧化，接触不良；检查电流输出线是否被更换。

（7）若测试时，液晶显示屏显示电流值正常，电阻显示不正常，可检查电压输入线有是否接好、接头是否氧化及接触不良；检查电流输出接线与电压输入线的极性是否接反；检查被测电阻是否超过测量范围。

（8）若测试时，打印机不打印，可检查打印机供电及自检是否正常。

思考与练习

1. 在变电检修工作中，在什么情况下需要对开关设备进行回路电阻的测试？
2. 使用回路电阻测试仪测试的注意事项有哪些？
3. 利用回路电阻测试仪对隔离开关导电回路的回路电阻进行测试。

知识拓展

KDHL－200 型回路电阻测试仪的测试步骤及要求

一、回路电阻测试仪面板

回路电阻测试仪面板如图 1 所示。

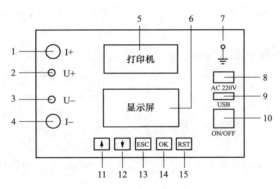

图 1 回路电阻测试仪面板

1—电流输出接线端子 I＋；2—电压输入接线端子 U＋；3—电压输入接线端子 U－；4—电流输出接线端子 I－；

5—打印机；6—液晶屏；7—接地柱；8—AC 220V 电源插座；9—USB 插口；10—仪器电源开关；

11、12—上、下键；13—退出键；14—确认键；15—复位键

二、回路电阻测试仪的使用方法

（1）确认被测物已断电并处于闭合（接触）状态。

（2）接线。仪器处于断电状态，按照面板上功能标记将交流工作电源线、输出电流线（粗）、输入电压线（细）、地线分别接好。如图 2 所示，将专用测试线按照颜色红对红、黑对黑，粗的电流线接到对应的 I＋、I－接线端子扭紧，细的电压线接到对应的 U＋、U－接线端子扭紧，两把夹钳夹住被测试品的两端。注意：电压测量接线夹 U＋与 U－必须接于电流输出接线夹 I＋与 I－的内侧，且两者极性不能接错，测试钳的全部连接面应与试品可靠接触。

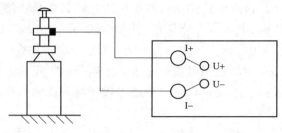

图 2　测试接线图

（3）打开测试仪电源开关，显示屏上会显示图 3 所示界面，停留大约数秒会自动跳过进入主界面。

（4）主界面显示如图 4 所示，按上、下键选择功能，按确认键进入功能菜单。

图 3　回路电阻测试仪开机界面　　　　图 4　回路电阻测试仪主界面

（5）在主界面选择"开始测试"后，进入电流选择界面，如图 5 所示，按上、下键选择合适的测试电流。按退出键退回主界面，按确认键开始测试，显示屏显示"正在测试……"字样。

（6）测试结果显示界面如图 6 所示，按上、下键选择打印或保存，按退出键退回主界面。

回路电阻测试
测试电流：　100A
200A

测试完成　　　　00:59
电流：100.00　A
电阻：50.00　μΩ

图 5　回路电阻测试仪电流选择界面　　　图 6　回路电阻测试仪测试结果显示界面

（7）测试完毕后，按复位键将仪器输出电流断开，这时显示屏回到初始状态，可重新接线进行下次测量，或拆下电源线与测试线结束测量。注意：当仪器内部温度过高时，界面会弹出"温度告警，正在冷却，请等待……"字样，同时蜂鸣器会报警，此时应等待仪器温度恢复正常以后才可继续使用。

三、微水测试仪的使用与维护

1. SF_6 微水测试仪介绍

SF_6 气体微水量检测方法主要有电解法、阻容法和露点法，不同测量方法的仪器的结构和原理不同。目前国内外普遍采用数字智能露点仪作为 SF_6 气体湿度测量的标准仪器，广泛应用于电力、气象、冶金、电子、空调、航空航天等领域，也可以作为在线监测仪器。数字智能露点仪融合了信号检测技术、模糊控制及数据处理技术，主要由光路系统、制冷系统、气路系统、电控系统四部分组成，具有准确度高、测量范围宽、无滞后、使用方便等特点，

适用于充有 SF_6 气体设备的微水测量。

2. 微水测试仪测试的目的

SF_6 断路器、组合电器等设备中，SF_6 气体若含有水分会对设备造成多种危害，主要有：SF_6 气体发生水解反应生成氢氟酸和亚硫酸等会腐蚀电气设备，水会加剧低氟化物的分解，水使金属氟化物水解腐蚀固体零件，水在设备内部结露易产生沿面放电（闪络）而引起事故。SF_6 气体中含水过大将导致电气设备运行可靠性降低，寿命缩短。所以，在电气设备运行及检修过程中必须对含水量进行监测和控制。各种设备的检测标准和周期不同，可根据相关标准的规定要求执行。下列情况需要进行微水测试：

(1) SF_6 电气设备新安装、大修后，以及在投入运行前。

(2) 设备投入运行后定期测量。

3. 微水测试仪测试前的准备

由于微水测试仪生产厂家多，型号也较多，因此在使用不同型号的测试仪前，应先做好以下工作：

(1) 仔细阅读该型号测试仪的使用说明书，掌握测试仪的使用方法。

(2) 按照随机清单，检查所配测试线及其附件是否齐全、完好。

(3) 检查打印纸是否足够。

(4) 检查测试仪电源工作是否正常。

4. 微水测试仪测试的注意事项

(1) 使用前对仪器进行干燥时，注意气体流量不要太大，否则会损坏内部的流量传感器。

(2) 不能使用橡胶管、尼龙管和 PVC 管，主要是由于它们具有渗透性和吸湿性。

(3) 气源如果是压缩气源（如 SF_6 气瓶、N_2 气瓶），必须通过连接减压阀后才能通过样气接头，通过样气接头的压力不能超过 1MPa。

(4) 在大气压力下测量时，测量后屏幕上显示的微水含量 $\mu L/L$ 值有效，可以直接读取；在系统压力下测量时，测量后需要对屏幕上显示的微水含量进行换算。

(5) 不要随意更改光强度值，以免导致测量的不准确和加快发光器件的老化，应优先考虑其他因素。

(6) 多点测量中，为避免环境影响，在更换测量点时，进样管道必须和环境隔绝。

(7) 光源和接收管只能用吹扫球吹拭的方法进行清洁。

(8) 样气进样管应尽可能短。在任何情况下，管道温度都不得低于被测气体的露点。

5. 微水测试仪测试结果处理

将测试结果打印出来，与标准值进行对比，测试结果如在合格范围内，即在相应的记录上填上数据，并把打印纸粘贴在记录上，工作结束后上交主管部门审核。测试结果如不合格，在相应的记录上填上数据，把打印纸粘贴在记录上并及时上报，并根据实际情况进行相应的处理。

测试结果的主要影响因素：①相关标准规定的开关设备中 SF_6 气体湿度值是指环境温度为 20℃时的数值，实际测试时的环境温度可能高于或低于 20℃，造成测得的微水量结果超标；②SF_6 气体中存在杂质（水分和粉尘等）会影响测试结果。

6. 微水测试仪的维护

（1）清洁。冷镜必须进行周期性（工作时间约 20h）清洁，当仪器警告需要进行清洁时，可用干净的棉花或脱脂棉轻轻擦拭，禁止使用渗渍过的纸。如有可能，可用渗过无水酒精的棉花擦拭。

（2）可能遇到的异常问题及解决方法：

1）在低温环境，仪器内部有凝结现象。用干燥气体冲洗仪器，当待测气体的露点高于环境温度时，不能测量。

2）两次测量结果偏差较大。可能是进样管路潮湿，在使用之前，用干燥气体冲洗仪器至少 10min。

3）油或油脂污染了样气管。可用溶剂清洗管道和接头，再用压缩空气吹干。

4）系统漏气。检查系统的气密性，使用检漏仪或肥皂液。

5）气体流量变化。气体流量的轻微变化（20～40L/h），不会影响测量结果；如果气体流量过高，压差会导致测量结果不精确；如果气体流量过低，精确测量会耗费很长时间。

6）露点不稳定。如有可能，在大气压下测量，尽可能干燥连接管道与接头。

7）管道方面。当被测露点在−40℃以上时，可以使用聚乙烯管（PE）和铜管；当被测露点在−40℃以下时，只能使用氟化乙丙烯管（FEP）、聚四氟乙烯管（PTFE）或不锈钢管。

思考与练习

1. 为什么要对 SF_6 断路器、组合电器等设备中 SF_6 气体进行微水测试？哪些情况下需要对 SF_6 设备进行微水测试？

2. 使用微水测试仪的注意事项有哪些？

3. 利用微水测试仪对断路器内部 SF_6 气体的含水量进行测试。

知识拓展

KDWS‑14 型 SF_6 气体微水测试仪的测试步骤及要求

一、KDWS‑14 型 SF_6 气体微水测量仪面板

KDWS‑14 型 SF_6 气体微水测量仪前面板如图 1 所示。

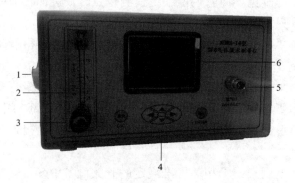

图 1　KDWS‑14 型 SF_6 气体微水测试仪前面板

1—支架调节按钮；2—流量计；3—流量调节旋钮；4—功能键；5—进气口；6—显示

按键说明：

（1）支架调节按钮：同时按下两侧的支架调节按钮，可以调节支架的角度。

（2）确定键：确认功能，在不同的界面下可调出/进入菜单、确认命令、确认设置的数值。

（3）取消键：退出功能，在不同的界面下可退出菜单、放弃设置的数值。

（4）上键：菜单项向上切换/菜单数值增加。

（5）下键：菜单项向下切换/菜单数值减小。

（6）左键：设置数值位左移选择。

（7）右键：设置数值位右移选择。

KDWS 型 SF_6 气体微水测量仪后面板如图 2 所示。

图 2　KDWS 型 SF_6 气体微水测试仪后面板

1—出气口；2—充电指示；3—电源开关；4—RS232 串口；

5—交流 220V 电源输入接口

KDWS 型 SF_6 气体微水测量仪测量界面如图 3 所示。

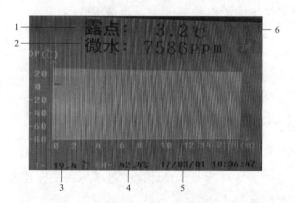

图 3　KDWS 型 SF_6 气体微水测试仪测量界面

1—露点值；2—微水值；3—环境温度；4—环境湿度；

5—日期和时间；6—电池电量

二、KDWS 型 SF_6 气体微水测量仪的使用方法

1. 使用前的准备

（1）仪器干燥。如果仪器停用一段时间，在使用前必须对仪器的气路进行干燥。所有的管道和接头，若没有储存在装有干燥剂密封的容器中，必须用干燥的 N_2H 或 SF_6 冲洗、烘干。

（2）管路连接。将测量管道的螺纹端与断路器接头连接好，用扳手拧紧，关闭测量管道另一端的针形阀；再把测量管道的快速接头端插入微水测试仪的进气口；将排气管道连接到

测试仪出气口；最后，将断路器接头与 SF_6 电气设备测量接口连接好，用扳手拧紧。

2. 开机

测量仪与被测气源连接好后，接上电源，打开仪器电源开关，仪器进入初始化自校验过程。

3. 测量

仪器初始化完成后，完全打开 SF_6 微水测试仪前面板上的流量阀，打开 SF_6 电气设备气阀，然后慢慢调节测量管道上的针形阀，把流量调整到 0.6L/min 左右，即可开始测量 SF_6 露点。第一台设备测量需要 5～10min，后续每台设备测量需要 3～5min。

4. 存储数据

测量完成后，按确定键调出操作菜单，可以将测量数据保存在仪器中。

5. 测量其他设备

一台设备测量完成后，关闭气源、测量管道上的针形阀和 SF_6 微水测试仪上的流量阀，将转接头从 SF_6 电气设备上取下。如果需要继续测量其他设备，请不要关闭仪器电源，按照上述仪器使用步骤继续测量下一台设备。

6. 关机

所有设备测量结束后，关闭气源，同时关闭仪器面板上的流量调节阀，然后关闭微机 SF_6 微水测试仪电源。

三、菜单操作

在测量状态，按确定键可以进入功能菜单，如图 4 所示。

```
一  打    印
二  保存记录
三  查看记录
四  删除记录
五  修改时间
```

图 4 SF_6 气体微水测试仪功能菜单

1. 打印（打印机为选配件）

在测量状态，按确定键可以进入功能菜单，选择"打印"菜单，按确定键，即可打印当前数据。

2. 保存记录

在测量状态，按确定键可以进入功能菜单。按上、下键选择"保存记录"菜单，按确定键，即可进入保存记录页面。

保存数据时，可以对设备进行编号。设备编号最多为六位，按左、右键移动到要调整的数据位，按上、下键可改变数值大小。

设备编号设置成功后，按确定键完成数据保存。按取消键可以返回上一页，此时不保存数据。

3. 查看记录

在测量状态，按确定键进入功能菜单。按上、下键选择"查看记录"菜单，按确定键进入查看记录页面；按上、下键可翻看历史数据，按确定键，打印记录。

4. 删除记录

在测量状态，按确定键可以进入功能菜单。按上、下键选择"删除记录"菜单，按确定键，可删除所有数据。

5. 修改时间

在测量状态，按确定键可以进入功能菜单。按上、下键选择"修改时间"，按确定键，进入修改时间页面。按左、右键移动到要调整的数据位，按上、下键可以改变数值大小。

输入小时、分钟、秒后，按确定键可以转到下一个修改区域。

四、高压开关机械特性测试仪的使用与维护

1. 高压开关机械特性测试仪介绍

高压开关机械特性测试仪是变电检修工作中使用比较多的一种仪器，型号也比较多。目前所使用的开关机械特性测试仪具有操作简单、接线方便、抗干扰能力强、测量过程全自动等优点，适用于各种断路器的机械特性测量。

2. 高压开关机械特性测试仪测试项目及目的

(1) 断路器低电压动作特性。DL/T 596—2021《电力设备预防性试验规程》规定，如果断路器动作电压过高或过低，就会引起断路器的误分闸和误合闸，以及在断路器发生故障时拒绝分闸，造成故障。断路器低电压动作特性在断路器检修时都要进行测试。

(2) 断路器动作时间、速度及行程的测试。断路器动作时间、速度及行程的测试在下列情况下要进行：

1) 断路器大修后。

2) 机构主要部件更换后。

3) 真空断路器的真空灭弧室调换后。

4) 断路器传动部分部件更换后。

5) 断路器安装后。

3. 高压开关机械特性测试仪测试前的准备

由于高压开关机械特性测试仪的型号较多，因此在使用不同型号的测试仪器前，应先做好以下工作：

(1) 仔细阅读该型号测试仪的使用说明书，掌握测试仪的使用方法。

(2) 按照随机清单，检查所配测试线及其附件是否齐全、完好。

(3) 检查打印纸是否足够。

(4) 检查测试仪电源工作是否正常。

4. 高压开关机械特性测试仪测试的注意事项

(1) 在使用前，将机械特性测试仪接上地线，防止机械特性测试仪漏电，危及人身安全。

(2) 使用时，根据测试的项目选择正确的挡位，防止测试仪损坏。

(3) 在接入断路器操作回路时，应断开断路器的操作电源，防止在测试时损坏二次设备。

(4) 输出电源严禁短路。

(5) 一般情况下，测试仪应尽可能使用外接电源作为测试电源，防止由于内部电源电力不足，造成测试数据错误，影响检修人员的判断。

5. 高压开关机械特性测试仪测试结果处理

将测试结果打印出来，与被测试断路器的技术参数进行对比，测试结果如不合格，根据实际情况进行调试。测试结束后将数据填到相关记录内，并把打印纸粘贴在检修记录上，工作结束后上交主管部门审核。

6. 高压开关机械特性测试仪的维护

(1) 高压开关机械特性测试仪属于精密仪器，不要擅自打开机壳。

（2）仪器存放时不能受潮，搬运时注意小心轻放，尽量减少振动。

（3）在使用过程中出现问题，先检查控制线、信号线是否接触良好，如果解决不了，必须和厂家联系，由生产厂家处理。

（4）高压开关机械特性测试仪应定期进行校验，保证精确度。

7. 高压开关机械特性测试的术语定义

1. 时间测量

1.1 分（合）闸时间

分（合）闸时间是指从开关接到分（合）闸控制信号（线圈上电）开始到开关动触头与静触头第一次分开（合上）为止的时间。

1.2 相内同期

相内同期是指同相断口之间，分、合闸时间最大与最小之差。

1.3 相间同期

A、B、C 三相间，各相中合闸时间最大值之差为合闸相间同期，分闸时间最小值之差为分闸相间同期。

1.4 弹跳次数

弹跳次数是指开关动、静触头在分（合）闸操作过程中分开（合上）的次数。

1.5 弹跳时间

弹跳时间是指开关动触头与静触头从第一次分开（或合上）开始到最后稳定分开（或合上）为止的时间。

2. 速度及行程测量

2.1 刚分（刚合）速度

刚分（刚合）速度是指开关动触头与静触头接触时的某一指定时间内，或某一指定距离内的平均速度。测试仪提供很多开关的刚分（刚合）速度定义数据库，选择了某一类型就选择了刚分（刚合）速度的定义。同时仪器也提供自定义功能，适合在数据库里无法列举的开关类型。

2.2 开距、超程

开距是指开关从分状态开始到动触头与静触头刚接触的这一段距离；超程是指开关从合状态开始到动触头与静触头刚分开的这一段距离。

2.3 分（合）闸瞬时速度

分（合）闸瞬时速度是指开关动触头运动时某一小段的平均速度，该小段的长度取决于速度传感器的分辨率，从而每个小段的平均速度反映了开关动触头的瞬时速度。

2.4 分（合）闸最大速度

分（合）闸最大速度是指分（合）闸瞬时速度中的最大值。一般来说，该值应出现在开关刚分开或合上的这一段，这一点可从速度-行程曲线中判断。

2.5 分（合）闸平均速度

分（合）闸平均速度是指开关动触头在分（合）闸过程中，10%行程到90%行程与此行程对应的时间之比。同时仪器提供自定义功能。

2.6 行程-时间曲线

行程-时间曲线是开关动触头运动过程中每一个时间单元对应的行程关系曲线。

断路器动作时间、速度及行程是保证断路器正常工作和系统安全运行的主要参数，断路器动作过快，易造成断路器部件的损坏，缩短断路器的使用寿命，甚至造成事故；断路器动作过慢，则会加长灭弧时间、烧坏触头（增高内压，引起爆炸），造成越级跳闸（扩大停电范围），加重设备的损坏和影响电力系统的稳定。

思考与练习

1. 高压开关机械特性测试仪的测试项目有哪些？每项测试的目的是什么？
2. 高压开关机械特性测试仪测试前的准备工作有哪些？
3. 使用高压开关机械特性测试仪的注意事项是什么？
4. 利用高压开关机械特性测试仪对 SF_6 断路器的特性参数（同期、行程、超程、低电压灯）进行测试。

知识拓展

某型号高压开关机械特性测试仪的测试步骤及要求

一、高压开关机械特性测试仪面板

某型号高压开关机械特性测试仪面板如图1所示。

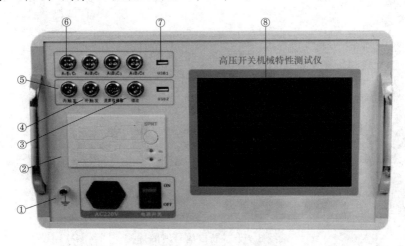

图1　某型号高压开关机械特性测试仪面板

① 接地柱：现场做实验时，请先接好接地线。

② 打印机：现场打印所测量数据。

③ 储能：可以测量储能所需要的时间及电流，储能电压可调。

速度传感器接口：连接直线传感器、旋转传感器及万能传感器的接口。

④ 外触发：指仪器内部直流电源不工作，用现场电源（交流、直流均可），采集断路器的分、合闸电压信号。

⑤ 内触发：指仪器输出 DC 30～265V 可调直流电源，默认为 DC 220V，进行分、合闸操作。

⑥ 12路端口信号：可测量12路金属触头断路器的合闸、分闸、弹跳、同期、同相等时间。

⑦ USB接口：可连接鼠标、键盘和导出、入数据。

⑧ 液晶显示屏：参数设置、测量、数据等显示。

二、使用安装方式

1. 断口接线方式

该仪器共设两个断口测试输入接口，每个断口共四线，分别为 A1（黄线）、B1（绿线）、C1（红线）接三相动触头端，GND（黑线）静触头（三相短接），总共可对六断口的断路器（开关）的测试取样。

图 2 中以三断口和六断口断路器连接为例，断口测试输入接口都用上，连接方式为：A1、A2 接断口输入的黄线，B1、B2 接断口输入绿线，C1、C2 接断口输入红线，对于三相三断路器连接只需用前一个断口测试信号输入接口，其中 A1 断口为主断口（注：三断口、六断口断路器共一个公共地 GND）。

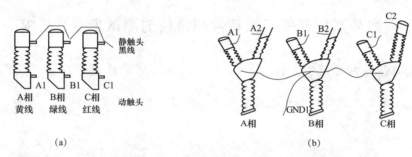

图 2　三断口和六断口信号的连接

（a）三断口信号线的连接；（b）六断口信号线的连接

十二断口信号线的连接如图 3 所示。

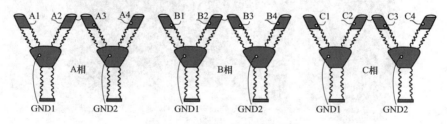

图 3　十二断口信号线的连接

2. 内触发分合闸控制接线方法

高压开关机械特性测试仪内触发控制接线示意图如图 4 所示。试验时，如果采用仪器内部电源，合闸控制线（红色）、分闸控制线（绿色）、公共线（黑色）接入仪器面板的"内触发"端口（航空插头），仪器分十、合十、负输出时，一般需接在辅助开关触点前（可有效保护线圈和仪器）。接线时注意切断高压开关装置自有的操作电源（断开闸刀或者拔掉熔丝），以免两种电源冲突，损坏仪器。

3. 外触发接线（用于交流开关或永磁开关）

高压开关机械特性测试仪外触发控制接线示意图如图 5 所示。使用外部电源，先将控制线接入仪器面板的"外触发"端口，然后仪器进行参数设置，将触发方式设置成外触发，接线方式同内触发一样，也可红线接合闸线圈，绿线接分闸线圈，黑线接公共端。测试时，先在特性测试菜单按确认键操作测试，再做断路器合或分闸动作，即可采集到数据。用户在接线前，应根据各种高压开关机械特性测试仪的接线图，仔细分析后再接线，即可采集到数据。

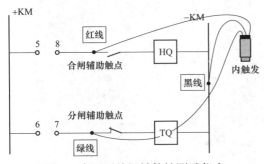
图 4 高压开关机械特性测试仪内
触发控制接线示意图

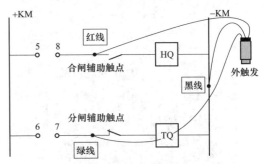
图 5 高压开关机械特性测试仪外
触发控制接线示意图

4. 手动触发方式不需要接控制线

等待测试信号时间为 8s，然后快速进行手动分或合闸，即可采到信号，此动作要在 8s 内完成，超过则不显示数据，测试的数据主要参考弹跳时间、弹跳次数、同期、速度，合、分时间为评估值。

5. 速度传感器安装方法

在测试开关速度时，先将直线传感器安装在高压开关的动触头上。根据所测开关的类型油、真空、SF₆，选择相应的传感器进行安装。

0.1mm 直线传感器（真空断路器类）的直线拉杆用磁铁吸附在开关的垂直导电杆（动触头）上，传感器用万向支架固定，在分闸状态下进行安装。安装时电子尺必须和动触头垂直，先拉出 15mm 左右的长度，确保合分闸时传感器不会因开关上下运动而拉坏。这类安装方法主要适用于 ZN28 真空断路器或是没有安装底盘的 ZN63（VSI）等动触头裸露出来的真空断路器。0.1mm 电子尺和万向节及安装示意图如图 6 所示。

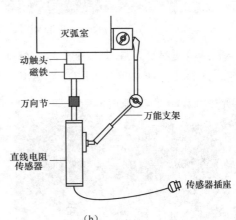

（a）   （b）
图 6 0.1mm 电子尺和万向节外形图及安装示意图
（a）外形图；（b）安装示意图

6. 360°线旋转传感器安装方式

如密封式 VS1、VD4 型真空断路器，传感器安装在断路器两侧拐臂（主轴）上，把两侧白色密封盖拿掉，可看见梅花状的主轴，把专用接头套上即可。安装时保持水平状态，再用万向支架固定，如图 7 所示。

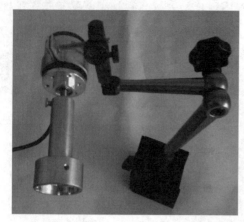

图 7　真空断路器传感器安装示意图

如果主轴不是梅花状的，采用图 8 所示方式安装。

图 8　110kV SF$_6$ 断路器传感器安装示意图

如果找不到拐臂，安装在分合指式针处，先把分合指式针卸掉，再把传感器连接头拧上去即可。户外真空断路器及 SF$_6$ 断路器传感器安装示意图如图 9 所示。

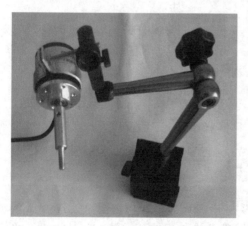

图 9　35kV SF$_6$ 断路器传感器安装示意图

将角位移传感器安装在断路器的拐臂轴，再用万向节进行固定，如图 10、图 11 所示。

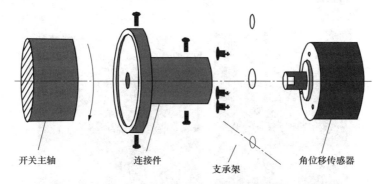

开关主轴　　　连接件　　　支承架　　　角位移传感器

图 10　角位移传感器结构示意图

图 11　万向节固定示意图

1mm 直线传感器（油断路器）直线测速安装示意图如图 12 所示。

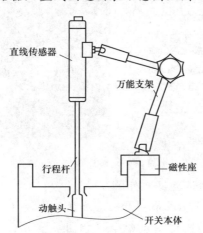

直线传感器

万能支架

行程杆　　　磁性座

动触头　　　开关本体

图 12　油断路器直线测速安装示意图

7. 万能传感器安装方法

万能传感器的安装方法如图 13 所示。万能传感器又名加速度传感器，在测量行程安装时，需吸附在断路器的动触头行程杆上，必须是直线运动，如安装在拐臂上进行旋转运转测量行程是错误的。如果是横向运动的，则把传感器固定在横杆上，但是传感器的正面要朝向前进的方向。

（a）　　　　　　　　　　　　（b）

图13　万能传感器安装示意图

（a）万能传感器；（b）安装位置

三、菜单及设置说明

开机后进入图14所示仪器操作主界面。

1. "文件"菜单（见图15）

（1）新建（NEW）：测试中如果数据不存档，选择此命令刷新。

（2）打开（OPEN）：在文件夹中将储存文件双击打开（见图16）。

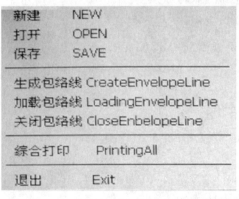

图14　"文件"菜单　　　　　　　　图15　仪器操作主界面

（3）保存（SAVE）：将测试数据进行保存。

（4）生成包络线（Create Envelope Line）、加载包络线（Loading Envelope Line）、关闭包络线（Close Envelope Line）：这三个命令将相同类型开关测试的数据进行对比、分析。只有同一类型开关、同时是合闸或分闸数据，才能进行对比、分析；如果不是相同类型开关测试数据导入，会提示此文件错误。

选择"生成包络线"（Create Envelope Line）命令，弹出"包络线生产向导"对话框，如图17所示，选择相应文件。

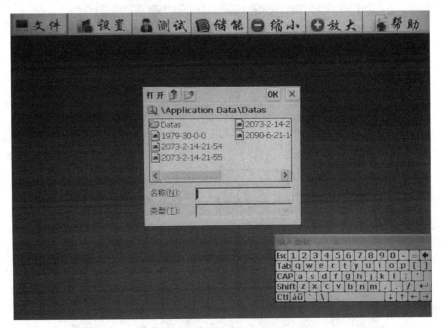

图 16 "打开"对话框

（5）综合打印（Printing All）：选择此命令将全部测试数据打印。

2. "设置"菜单（见图 18）

图 17 "包络线生产向导"对话框

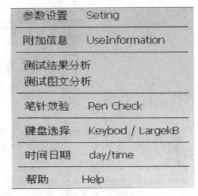

图 18 "设置"菜单

（1）参数设置。

1）选择"设置"→"参数设置"命令，弹出"开关参数设置"对话框（见图 19）设置开关类型。

2）设置传感器（见图 20）。

3）设置采集时间：采集时间指的是断口测试信号采集时间的长度，一般默认为 1s，最大 200s。单击"1s"，弹出数字大键盘，输入所需数值，按"Enter"键确认即可，如图 21 所示。

4）设置预置行程：设置的是总行程（开距＋超程）。

5）设置操作电压：量程 DC 35～265V 可调。

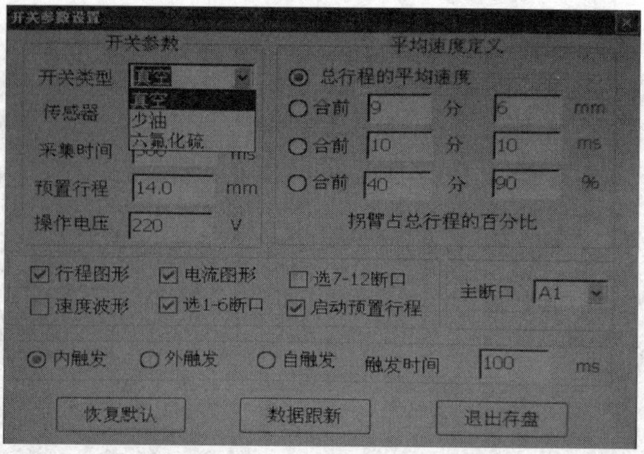

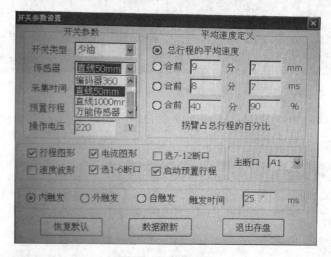

图 19　设置开关类型

图 20　设置传感器

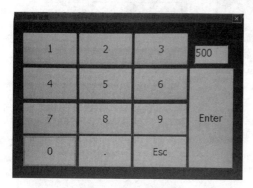

图 21　数字大键盘

6）设置总行程的平均速度：在不知道具体的速度定义，一般真空开关选择此项。SF_6 断路器一般选择后一项：合前 90%，分后 90% 拐臂占总行程的百分比。

7）设置触发时间：触发时间指的是电压输出的时间长短，一般设置为 50ms 及以上，如果出现合闸不到位现象，需将时间延长至100ms 及以上，如果还是合闸不到位，需检查断路器的机构是否有卡涩现象。如果是没有储能机构的，需要电源长时间输出才能合闸到位的断路器，需要把信号采集时间延长到 10s（或更长），在"开始特性测试"对话框中勾选"电源联动"复选框，做分闸时需把电源联动解除。

8）全部设置完成后，单击"退出存盘"按钮退出。

（2）设置附加信息。选择"设置"→"附加信息"命令，弹出"辅助选项"对话框（见

图 22）使用大键盘方式进行输入，设置方法见下面键盘选择菜单。

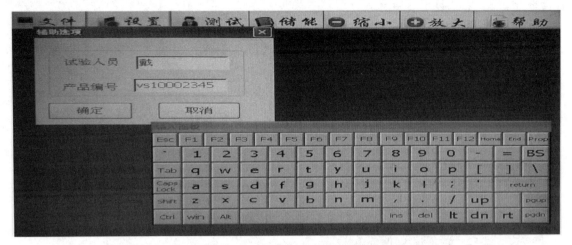

图 22 "辅助选项"对话框和大键盘

1）先按"Ctrl"键，再按"空格"键，进行中英文转换。

2）在中文拼音法输入时，如果出现的是别的同音字，按 Home 键，出现多个同音字，选择对应的即可。如果输入错误，请按 BS 键进行删除。每输入一个字，请按空格键进行确认。

3）产品编号只能输入英文和数字，不能输入中文，完成后单击"确认"按钮。

（3）笔针校验（Pen Check）选择"设置"→"笔针校验"命令，弹出"笔针属性"对话框（见图 23）。如果点击触摸屏时出现菜单错位，可以先点击中间的点，然后从左上角的校准点起依次对四个角的点校准。

（4）键盘选择（Keybod/LargekB）选择"设置"→"键盘选择"命令，弹出"输入面板属性"对话框（见图 24）。单击"选项"按钮选择大键盘或小键盘，只有在输入中文时才选择用大键盘，其他均用小键盘。

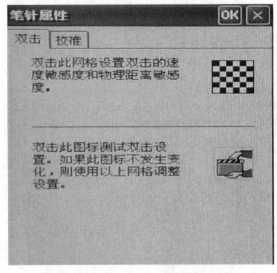

图 23 "笔针属性"对话框

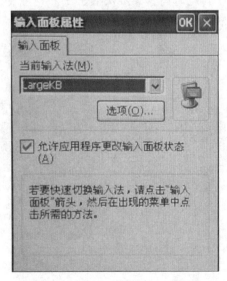

图 24 "输入面板属性"对话框

（5）时间日期（day/time）选择"设置"→"时间日期"命令，弹出"时间/日期属性"对话框（见图25），设置当前日期。

1）年度设置：先单击 2009 图标，再单击 ▲ 按钮或 ▼ 按钮进行调整。

2）设置月份：先单击 六月 图标，再单击 ▶ 按钮进行调整。

3）设置日期：直接单击当前日期。

4）设置时间：先设置小时，单击小时字符使其变深黑色，通过按钮进行调整；再设置分钟，也按此方法进行调整；全部设置完成后，最后单击 OK 按钮保存。

3. "测试"菜单（见图26）

图25 "日期/时间/属性"对话框

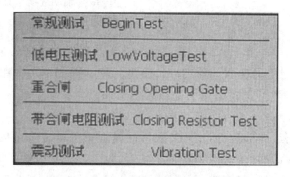

图26 "测试"菜单

（1）常规测试（Begin Test）：常规测试指的是测量金属触头开关的合闸时间、分闸时间、弹跳时间、弹跳次数、三相同期、开距、超度、平均速度等参数。选择"测试"→"常规测试"命令，弹出"开始特性测试"对话框（见图27），在其中进行测试。

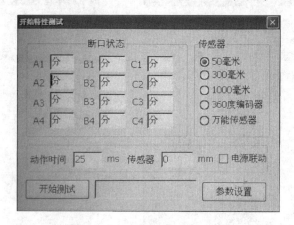

图27 "开始特性测试"对话框

（2）低电压测试（Low Voltage Test）：可做 30%～110% 比例电压试验。选择"测试"→

"低电压测试"命令，弹出"低电压试验"对话框（见图28），在其中进行测试。

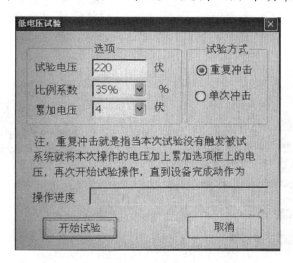

图28　"低电压试验"对话框

（3）重合闸（Closing Opening Gate）：可做合分、分合、分合分三个状态的重合闸试验。选择"测试"→"重合闸"命令，弹出"重合闸测试"对话框（见图29），在其中进行测试。

（4）带合闸电阻测试（Closing Resistor Test）：可做带合闸电阻触头的开关试验，如合闸电阻的阻值、投入时间。选择"设置"→"带合闸电阻测试"命令，弹出"合闸电阻测试"对话框（见图30），在其中进行测试。

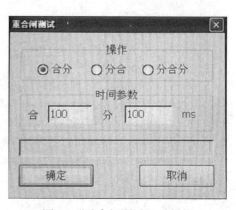

图29　"重合闸测试"对话框

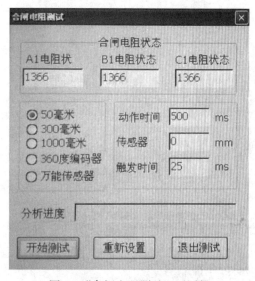

图30　"合闸电阻测试"对话框

（5）震动测试（Vibration Test）：通过震动传感器测量开关的震动频率，分析开关状态。选择"测试"→"震动测试"命令，弹出"震动测试"对话框（见图31），在其中进行测试。

4. 储能菜单（见图 32）

（1）储能时间测试（Source Time Test）：可以测量储能所需要的时间及电流，储能电压可调。选择"储能"→"储能时间测试"命令，弹出"储能特性测试"对话框（见图 33），在其中进行测试。

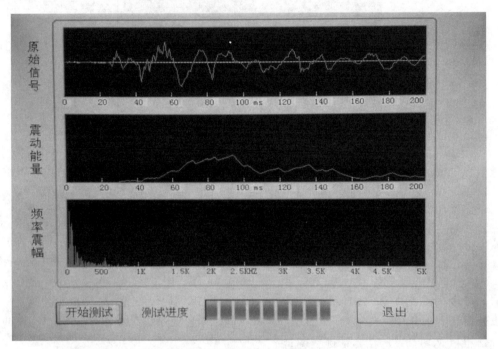

图 31 "震动测试"对话框

图 32 "储能"菜单

图 33 "储能特性测试"对话框

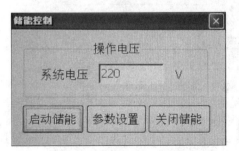

图 34 "储能控制"对话框

（2）启动储能（Start Source）：可以对断路器进行储能，储能电压可调，储能完成自动关闭电源，如不能自动关闭电源，需单击"关闭储能"按钮关闭电源。选择"储能"→"启动储能"命令，弹出"储能控制"对话框（见图 34），在其中进行设置。

四、数据测试

（1）参数设置完成后单击仪器操作主界面中的

"测试"按钮进行测试。

（2）测试数据中显示断口弹跳波形、次数、线圈电流、速度波形，可通过█缩小和█放大按钮放大及缩小图形，如图 35 所示。

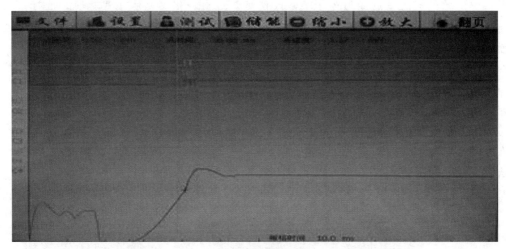

图 35　测试图形

（3）单击"翻页"按钮进行翻页，出现测试结果报告，如图 36 所示。

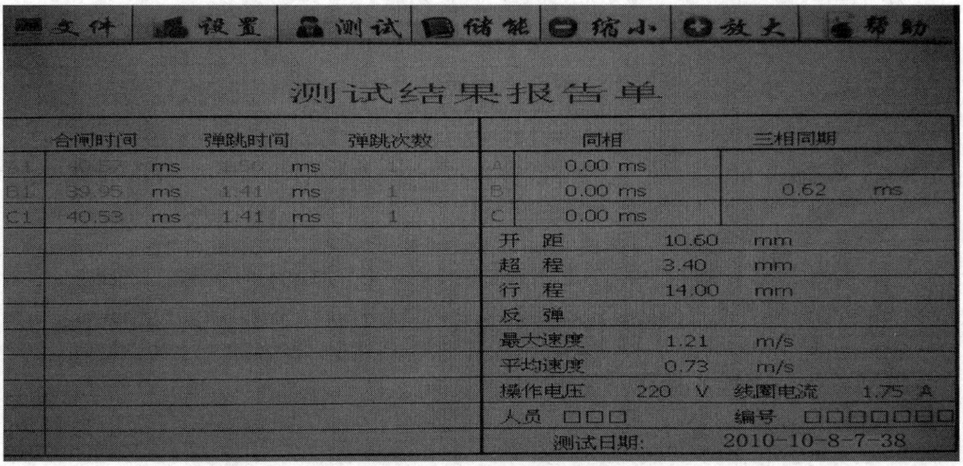

图 36　测试结果报告

（4）如需打印或保存数据，选择"文件"菜单中的命令，测试完成后可以直接关闭电源。

五、技术问题及处理方法

（一）现场用仪器控制合、分闸操作时，开关不动作

（1）现场合、分闸控制接线不正确。

处理办法：找到现场控制柜的控制接线图，询问相关保护专业人员，分别找出合、分闸线圈和开关辅助触点，参见说明书中的控制接线图重新接线。

（2）现场线圈负载过大或控制回路短路、仪器无法正常驱动，电源发出过载的蜂鸣声警

告（四声后电源自动恢复）。

处理方法：

1）对于电磁机构的开关，开关合闸线圈要求的驱动电流很大（高达 100A 或几百安），而仪器操作电源的最大带载能力为 20A，致使负载过大，仪器无法正常驱动。这时需采用外触发方式，把合闸控制线接在合闸接线圈上，分闸控制线接在分闸线圈上，采集分合闸的电压信号（触发计时），直流或交流电均可。

2）检查控制回路，保证回路畅通。

（3）检查仪器储能、分闸、合闸是否有直流输出。

处理方法：

1）储能直流电压检查。将万用表设置在直流 1000V 挡位，将储能控制线红、黑色线分别接在万用表的红、黑线上。在"储能特性测试"对话框进行测试，时间延长至 3s，按储能测试电压输出。如无电压输出，说明电源故障，返厂维修。

2）合闸直流电压检查。在仪器处在分闸状态时进行检查（不接断口测试线就是分闸状态，测试界面也会同样显示"分"字，如果 A1 断口显示"合"字，表示此断口有故障，需切换到 A2 断口）。将分合闸控制线接在内触发航插上，将万用表设置在直流 1000V 挡位，将储能控制线红、黑色线分别接在万用表的红、黑线上。首先在"设置"菜单中将采集时间延长 3s，然后在"开始特性测试"对话框中勾选"电源联动"复选框，单击"开始测试"按钮，输出电压。

3）分闸直流电压检查。在仪器处在合闸状态下进行检查，将断口线的黄线和黑线夹在一起，再接控制线到内触发，其他的步骤和合闸电压检查相同。

以上三种方法如果没有电压输出，请将仪器返厂检查维修。不要自行打开仪器仪表，内部有高压输出危险。

应对措施：如果没有直流输出，又急着做试验，可采用外触方式进行测量，完成后再返厂维修。

（4）开关机构存在保护闭锁（如西门子、ABB 开关）。

处理方法：

1）使用仪器提供的内电源操作开关合、分闸试验，必须解除闭锁，请现场技术人员或开关厂家人员根据现场控制柜的控制接线图，协助解除闭锁。

2）用现场操作电源，用"外触发"方式试验。

（二）仪器做单合、单分测试时，开关动作了，显示断口未动作提示"断口未接好"。

处理方法：

（1）做户内 10kV 开关时，黄（A）、绿（B）、红（C）接动触头，静触头三相短接后接黑线。

（2）做户外开关时，黄（A）、绿（B）、红（C）接上端，黑线接地（变电站户外开关另一端已接地）。

（3）开关控制回路有问题，因为合上之后又马上分开了，请检查开关的回路再做实验。

（三）打印机能走纸却不能打印文字、图形

（1）打印纸安装反了。

处理办法：重新正确安装热敏打印纸。

（2）热敏打印机加热头坏了。

处理方法：返厂维修热敏打印机加热头。

(四) 仪器进行速度测试时，没有速度数据显示

(1) 传感器的选择项有误（如安装的是直线传感器，选择的旋转传感器），将传感器重新进行设置。

(2) 传感器安装位置不对，如旋转传感器只能通过主轴的转动才能采集信号，如果安装到直线位移的地方或其他不动作的地方，均没有数据显示。

(3) 如果传感器选项和安装位置都正确，还没有速度显示，则传感器损坏，需返厂维修。

(五) 仪器现场接地时，为什么要先接地线，然后再接断口线？

因为现场试验时，高压开关（尤其 220kV 以上）的断口对地之间往往有很高的感应电压，此时电压量值很大，能量较小，但足以威胁到仪器本身的安全。仪器内部，断口信号输入端到地之间接有泄放回路。所以先接地线，优先接通了泄放回路，此时连接断口信号线时，即使断口感应了很高的电压，也能通过泄放回路泄放到大地，从而保证仪器的断口通道安全。

(六) 如何判断仪器端口是否正常？

仪器有十二断口，每一相断口均可独立使用。

(1) 没接断口测试线就是分闸状态，测试界面也会同样显示"分"字。如果某断中的一相出现"合"字，则表示此断口有故障，这时要切换到别的断口进行测试。

(2) 接上断口测试线，将断口线的黄、绿、红和黑（公共）短接，断口状态由"分"字变为"合"字，表示正常。

六、日常保养及储存

(1) 该测试仪是一台精密贵重设备，使用时请妥善保管，要防止重摔、撞击。在室外使用时尽可能在遮荫处操作，以避免液晶光屏长时间在太阳下直晒。

(2) 测试仪在原包装条件下，放室内储存。其环境温度为 -10～45℃，相对湿度不大于 90%，室内不应含有足以引起腐蚀的气体。潮湿季节，如长时期不用，最好每月通电一次，每次约 0.5h。测试仪周围无剧烈的机械振动和冲击，无强烈的电磁场作用。

(3) 测试仪需要运输时，建议使用厂家仪器包装木箱和减震物品，以免在运输途中造成不必要的损坏，造成不必要的损失。

(4) 测试仪在运输途中不使用木箱时，不允许堆码排放。使用仪器包装箱时允许最高堆码层数为两层。

(5) 测试仪应放置在干燥无尘、通风无腐蚀性气体的室内。在没有木箱包装的情况下，不允许堆码排放。面板应朝上，并在测试仪的底部垫防潮物品，防止测试仪受潮。

(6) 开箱前请确定测试仪外包装上的箭头标志朝上。开箱时注意不要用力敲打，以免损坏测试仪。开箱取出测试仪，并保留测试仪外包装和减震物品，这样既方便今后在运输和储存时使用，又能起到保护环境的作用。

五、真空度测试仪的使用与维护

1. 真空度测试仪介绍

真空度测试仪是真空灭弧室真空度的鉴定设备，它以磁控放电为原理，以单片机为主控

单元，测试过程完全实现自动化。传统的真空度检测方法是耐压法，这种方法只能定性地检测真空管的好坏，而真空度测试仪实现了真空灭弧室的免拆卸测量，可定量测试真空管真空度，使真空断路器用户详细掌握灭弧室的真空状态，是真空断路器生产、安装、调试、维修的必备仪器。

2. 真空度测试的目的及要求

随着中压断路器向无油化发展，真空断路器以其独特的优点得到了广泛的推广和应用。这些年来，由于生产工艺和现场使用环境方面的原因，有些真空断路器灭弧室在运行过程中会出现不同程度的泄漏，严重的泄漏会导致真空断路器不能正常合断，这种情况将对电力系统造成严重后果。国内真空断路器事故大多是由灭弧室真空度不达标引起的，所以加强定期或不定期检测真空断路器真空度成了十分重要的环节。

在下列情况下要进行真空度的测试：

（1）真空断路器设备新安装、大修后，在投入运行前。

（2）供电部门的例行检修及容量试验中对真空灭弧室承受能力的判定。

（3）必要时。

3. 真空度测试仪测试前的准备

由于真空度测试仪的型号较多，生产厂家也比较多，使用方法稍有不同，在使用不同型号的真空度测试仪前，应先做好以下工作：

（1）仔细阅读该型号测试仪的使用说明书，掌握测试仪的使用方法。

（2）按照随机清单，检查所配测试线及其附件是否齐全、完好。

（3）检查打印纸是否足够。

（4）检查测试仪电源工作是否正常。

（5）检查设备技术参数。

4. 真空度测试仪测试的注意事项

（1）真空度测试应选择在晴朗干燥的天气里进行。

（2）测试前，应确保真空断路器洁净干燥，确保真空断路器处于分闸状态，确保真空断路器与外界绝缘，试验时不产生泄漏与反向充电。

（3）测试真空度前应先检漏，检漏合格后再进行定量测试。

（4）对同一真空断路器的真空度测试，建议每天不要超过 3 次。在多次对同一真空管进行测试时，相邻两次的测量时间间隔不要少于 10min；否则，管内被电离的空气来不及恢复到正常状态，会导致测试结果失真。

（5）安装励磁线圈时，其定位指示线指向灭弧室连接中缝处。

（6）测试过程中，人体不能接触高压和磁场电压输出端，测试仪的外壳应接地。

（7）红色夹子所连红色电缆为高压电缆，黑色夹子所连黑色电缆为普通电缆。在实际接线过程中，不可将黑色普通电缆连接高压输出处，以免泄漏严重而造成试验失败或危及人身与设备安全。

（8）仪器进行试验时，应先连接磁控线圈、真空管的连线，然后与仪器相连。测试完成后拆线应先拆除与仪器相连的测试线，然后拆除与磁控线圈、真空管的连线。若在使用时忘记连接磁控线圈而直接按测量键，应立即关闭电源，重新接好磁控线圈。注意：接线时勿接触导体部分，以免被电容上的残余电压击伤。

（9）严禁磁场电压线短路，否则会严重损坏仪器，高压输出线要与离子电流线分开。

（10）测试完毕后，应关闭电源，将高压输出端对地短接放电，以免被充电电容上的残余电压电击。

5. 真空度测试仪测试结果处理

将测试结果打印出来，与被测试设备的技术参数进行对比，测试结果如在合格范围内，即在相应的检修记录上填上数据，并把打印纸粘贴在检修记录上，工作结束后上交主管部门审核；测试结果如果不合格，需根据实际情况进行相应的处理。

6. 真空度测试仪的维护

（1）该仪器属精密仪器，电路板布线密度较大，一般要求存放于干燥无尘、通风无腐蚀性气体的室内。若环境较潮湿，则应经常通电。

（2）仪器储存时，面板应朝上，并在仪器底部垫防潮物品。

（3）若测试后电流值显示为零，应检查灭弧室表面是否清洁。若灭弧室表面有污秽，应先将灭弧室表面擦拭干净，再做试验，一般来说这样得到的真空度值较精确。

（4）拆装打印纸应在仪器断电的情况下进行，以免损坏打印机。换纸时，将前面板打开，用食指和拇指捏紧打印机两端的夹片轻轻拖出打印机，使出纸口略高于仪器面板，但不能拖出距离太大，将新纸端口部分剪成尖头状，插入打印机的进纸口，打开仪器电源开关，按下打印键，使纸从打印机的上端走出一段距离，插入面板出口缝导出。盖好打印机面板，装纸完毕。

⚡ 思考与练习

1. 为什么要测量真空断路器的真空度？在什么情况下需要对真空断路器进行真空度的测量？

2. 真空度测试仪测试的注意事项有哪些？

3. 用真空度测试仪对真空断路器进行真空度测量。

💡 知识拓展

KDZK－A 型真空度测试仪的测试步骤及要求

一、KDZK－A 型真空度测试仪面板

KDZK－A 型真空度测试仪面板如图 1 所示。

管型设置选择用于输入灭弧室的管形，灭弧室的管型由灭弧室外直径决定，带外罩的以外罩直径为准。灭弧室管径小于 80mm 的为 00 号管形，管径为 90～100mm 的为 02 号管形，管径为 100～110mm 的为 04 号管形，管径大于 110mm 的为 06 号管型。

二、真空度测试仪的使用方法

1. 灭弧室管型接线说明

灭弧室管型接线示意图如图 2 所示。

（1）悬挂励磁线圈时，励磁线圈的定位指示线应对准真空断路器的灭弧室连接中缝处，用绑带绑紧电磁铁和真空断路器（实验时脉冲电压会产生冲击力，避免造成真空断路器的损裂）。

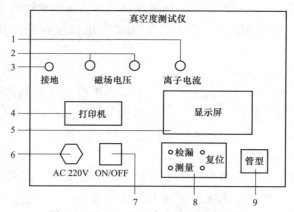

图 1　KDZK－A 型真空度测试仪面板

1—离子电流输入端口；2—磁场输出电压正负端口；3—仪器安全保护接地端口；4—快速打印机；5—液晶显示屏；

6—AC 220V 电源插座；7—电源开关；8—测试选择按键区；9—管型设置选择

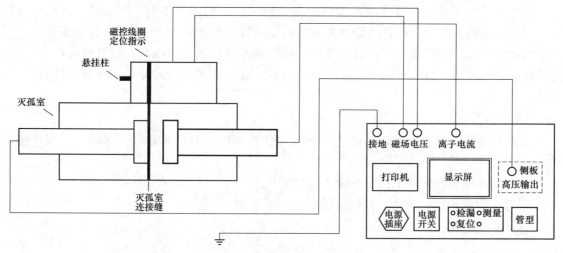

图 2　灭弧室管型接线示意图

（2）按测试线的颜色与插件大小连接线路，磁场电压两输出端应与励磁线圈的两个接线端子连接，黄、绿线需先连电磁铁再连仪器。

（3）在仪器侧面有一个高压输出端子，用高压线将其与离电磁铁距离远一点的真空断路器一端连接起来。

（4）离子电流输入端与离电磁铁距离近一点的真空断路器一端连接。

（5）仪器接地端子可靠接地。

2. 真空度测试仪的使用操作步骤

（1）确认真空断路器表面洁净干燥，已与外界绝缘并处于分闸状态。

（2）仪器处于断电状态，按照要求悬挂好励磁线圈，完成励磁线圈、真空管与仪器之间的接线，在仪器面板上选择合适的灭弧室管型，将仪器外壳可靠接地。

（3）准备工作做好，检查连线无误后打开电源开关，按复位键，确保仪器处于初始状态。

（4）按检漏键进行检漏（检漏时，确保真空管表面洁净干燥），若真空管已严重泄漏，可不必进行真空度定量测试；若检漏合格，则接着进行定量测试。

（5）按测试键，测试仪首先显示电场电压与磁场电压并进行自动充电过程。当两电压达到一定值后，测试仪自动将电场电压和磁场电压加到真空管及励磁线圈上，同时自动启动测试分析程序，显示被测真空管的测试结果并自动对仪器内部电容进行放电。

该测试仪的最小测量值为 $1.06 \times 10^{-5} Pa$，如果被测真空管真空度优于此值，显示结果仍为 $1.06 \times 10^{-5} Pa$。对真空断路器而言，这说明真空管真空度完好，记录测试结果时可记为 $<10^{-5} Pa$。如真空度高于 $6.6 \times 10^{-2} Pa$，则该真空管不合格。

在多次对同一真空管进行测试时，相邻两次的测量时间间隔不要少于10min。同时，关闭仪器电源，将离子电流线夹与高压输出端线夹短接，消除残存高电压，然后进行下次测试；否则，管内被电离的空气来不及恢复到正常状态会导致测试结果失真。

（6）测试完毕后，按复位键，然后关机。将高压输出端大夹子对地短接放电，或用放电棒轻碰高压夹所夹真空管端，或将离子电流夹与高压端线夹短接，消除残余高电压及试验过程中所产生的静电。

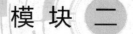

模 块 二

高压隔离开关的运行与调试

隔离开关是一种没有灭弧装置的开关电器。在分闸状态下，有明显可见的断口；在合闸状态下能可靠地通过正常工作电流，并能在规定时间内承受故障短路电流和相应电动力的冲击。隔离开关仅能用来分、合只有电压没有负荷电流的电路；否则，会在隔离开关的触头间形成强大电弧，危及设备和人身安全，造成重大事故。因此，在电路中隔离开关一般只能在断路器已将电路断开的情况下才能接通或断开。

隔离开关的动、静触头断开后，两者之间的距离应大于被击穿时所需的距离，避免在电路中发生过电压时断开点发生击穿，以保证检修人员的安全。必要时可在隔离开关上附设接地开关，以供检修时接地用。

在本模块中，以 GW23B-126D 和 GW22B-252D 两种型号的隔离开关为例，首先介绍高压隔离开关的参数和结构原理，然后介绍高压断路器的运行与调试方面的相关知识。

项目一　高压隔离开关的技术参数

表 2-1 为 GW23B-126D 型隔离开关的基本技术参数。

表 2-1　　　　　　　　　GW23B-126 D 型隔离开关的基本技术参数

序号	项　　目	单位	参　　数			
1	额定电压	kV	126			
2	额定绝缘水平[①]					
	（1）1min 工频耐受电压（有效值）					
	断口	kV	230+70			
	对地	kV	230			
	（2）额定雷电冲击耐受电压（峰值）					
	断口	kV	550+100			
	对地	kV	550			
3	额定频率	Hz	50			
4	额定电流	A	1250	2000	2500	3150
5	额定短时耐受电流	kA	31.5	50		
6	额定峰值耐受电流	kA	80	125		
7	额定短路持续时间					
	隔离开关	s	3			
	接地开关	s	3			

序号	项 目	单位	参 数			
8	额定端子机械负荷					
	水平纵向负荷	N	1250			
	水平横向负荷	N	750			
	垂直力	N	1000			
9	隔离开关母线转换电流开合能力					
	(1) 转换电压	V	100			
	(2) 转换电流	A	1000		1600	
	(3) 开合次数	次	100			
10	接地开关感应电流开合能力					
	(1) 电磁感应电流（电流/电压）	A/kV	100/6[②]（80/2）			
	(2) 静电感应电流（电流/电压）	A/kV	5/6[②]（2/6）			
	(3) 开合次数	次	10			
11	隔离开关主回路电阻	$\mu\Omega$	170	150	100	90
12	爬电距离	mm	3150/3906			
13	隔离开关小电流开合能力					
	电压	kV	$126/\sqrt{3}$			
	电容电流	A	1			
	电感电流	A	0.5			
	开合次数	次	5			
14	机械寿命	次	5000			
15	电动机操动机构					
	型号	—	SRCJ7			
	电动机功率	W	370			
	电动机电压	V	AC 380			
	控制回路电压	V	AC 220			
	分、合闸时间	s	10±1			
	输出转角	(°)	135			
	手动操动机构型号		SRCS3			
16	接地开关配用操动机构					
	手动操动机构型号	—	CS11			
17	单极质量	kg	不接地	430		
			单接地	450		
			双接地	470		

① 绝缘按海拔 2000m 考核，修正系数 k=1.13。

② 参数为 DL/T 486—2021《高压交流隔离开关和接地开关》表 C1 中 B 类规定值，括号内为 GB 1985—2023《高压交流隔离开关和接地开关》表 C.1 中 B 类规定值。

表 2-2 为 GW 22B-252 D 型隔离开关的基本技术参数。

表 2-2　　　　　　　　　GW22B-252 D型隔离开关的基本技术参数

序号	项　目	单位	参　　数				
1	额定电压	kV	252				
2	额定绝缘水平①						
	（1）1min工频耐受电压（有效值）						
	断口	kV	460+145				
	对地	kV	460				
	（2）额定雷电冲击耐受电压（峰值）						
	断口	kV	1050+200				
	对地	kV	1050				
3	额定频率	Hz	50				
4	额定电流	A	2000	2500	3150	4000	5000
5	额定短时耐受电流	kA	50	63			
6	额定峰值耐受电流	kA	125	160			
7	额定短路持续时间						
	隔离开关	s	3				
	接地开关	s	3				
8	额定端子机械负荷						
	水平纵向负荷	N	2000				
	水平横向负荷	N	1500				
	垂直力	N	1250				
9	隔离开关母线转换电流开合能力						
	（1）转换电压	V	300				
	（2）转换电流	A	1600				
	（3）开合次数	次	100				
10	接地开关感应电流开合能力						
	（1）电磁感应电流（电流/电压）	A/kV	160/15②（80/2）				
	（2）静电感应电流（电流/电压）	A/kV	10/15②（3/12）				
	（3）开合次数	次	10				
11	隔离开关主回路电阻	μΩ	160	120	100	90	85
12	电压	kV	252/√3				
	电容电流	A	1				
	电感电流	A	0.5				
	开合次数	次	5				
13	额定接触区						
	支撑导线纵向位移的总幅度	mm	150/200（硬导线/软导线）				
	水平总偏移	mm	150/500（硬导线/软导线）				
	垂直偏移	mm	150/250（硬导线/软导线）				
14	爬电距离	mm	6300/7812				
15	机械寿命	次	5000				

续表

序号	项 目		单位	参 数
16	电动机操动机构			
	型号		—	SRCJ3
	电动机功率		W	370
	电动机电压		V	AC 380/DC 220
	控制回路电压		V	AC 220/DC 220
	分、合闸时间		s	12±1
	输出转角		(°)	135
17	手动操动机构			
	型号		—	SRCS1/SRCS2
	电磁锁电压		V	AC 220/DC 220
18	单极质量	不接地	kg	600
		单接地		630

① 绝缘按海拔 2000m 考核，修正系数 $k=1.13$。
② 参数为 DL/T 486—2021 中 B 类规定值，装设引弧装置；括号内为 GB 1985—2023 中 B 类规定值。

项目二 高压隔离开关的结构与工作原理

一、GW23B‑126 D 型隔离开关的结构和工作原理

1. 隔离开关整体结构

GW23B‑126 D 型隔离开关为双柱、水平断口、折叠式结构，每组由三个独立的单极隔离开关组成（一个主极和两个边极）。隔离开关可以一侧或两侧附装接地开关。三极隔离开关由一台 SRCJ7 型电动机操动机构或 SRCS3 型手动操动机构联动操作，三极接地开关由一台 CS11 型手动操动机构联动操作。

每个单极隔离开关分动侧和静侧两部分：动侧由底座、支柱绝缘子、操作绝缘子、动侧导电部分、传动系统及接地开关（当需要时）组成；静侧由底座、支柱绝缘子、静触头及接地开关（当需要时）组成，如图 2‑1 所示。

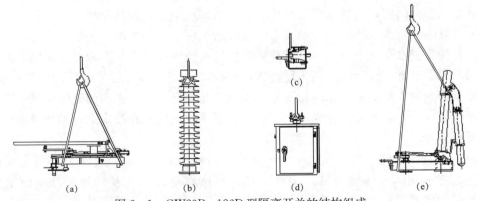

图 2‑1　GW23B‑126D 型隔离开关的结构组成

（a）底座；（b）支柱绝缘子；（c）静触头；（d）电动机操动机构；（e）上导电部分及操作绝缘子

2. 底座

隔离开关底座上装有连杆与拐臂等，另外在操作极上还装有主闸刀与地闸刀间的机械连锁部件，底座上有安装孔，可直接安装在水泥或钢支架基础上。支柱绝缘子、操作绝缘子、传动系统及接地开关安装在底座上。

3. 绝缘子

支柱绝缘子安装在底座上，操作绝缘子吊装在导电部分的旋转法兰下，且与底座垂直，操作拐臂带动操作绝缘子旋转135°，完成隔离开关分、合闸。

4. 主导电部分

主导电部分包括静触头、动侧导电部分（含传动座，前、后导电臂，动触头），分别安装在静侧、动侧支柱绝缘子顶上部（见图2-2）。传动座中有机械传动元件及接线端子，接地开关静触头安装在传动座及静触头上，静触头侧也有接线端子。

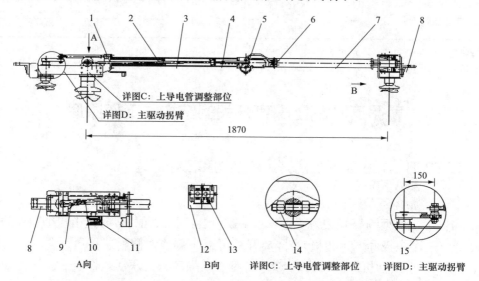

图2-2 GW23B-126D型隔离开关导电部分示意图

1—后导电臂；2—平衡弹簧；3—推杆；4—齿条；5—齿轮；6—软接线；7—前导电臂；
8—接线板；9—主动拐臂（可调结构）；10—拉杆；11—动侧接地开关静触头；
12—静触头座；13—弹簧外压式触指；14—前导电臂调整螺母；15—主动拐臂调整螺栓

动侧导电部分的前、后导电臂通过齿轮、齿条实现折叠式伸直动作。隔离开关分闸状态时，前、后导电臂折叠合拢，与静触头之间形成清晰可见的隔离断口；合闸状态时，前、后导电臂打开伸直成水平状态，前导电臂顶端的动触头插入静触头，形成导电通路。前、后导电臂之间及后导电臂与传动座之间，通过软连接保持电流导通。后导电臂内设有平衡弹簧，以平衡导电臂的重力矩，使操作平稳省力。当隔离开关合闸时，平衡弹簧吸收导电臂的运动位能使操作平稳；当隔离开关分闸时，平衡弹簧把吸收的位能释放出来，推动导电臂向上运动，降低操作力。

动触头由铜板弯成，为插入式结构，具有自清扫能力。静触头上的触指成对装配，触指的一端与静触头固定连接，另一端靠弹簧及触指自身弹力，对动触头产生恒定接触压力，以及借助电动力达到可靠接触。弹簧材质为不锈钢材质并有绝缘隔垫，防止弹簧锈蚀和分流。

5. 接地开关

附装的接地开关的静触头固定在隔离开关的传动座上。接地开关导电杆由圆铝管制成。接地开关为一步动作式，合闸时依静触头自力型触指的变形使动、静触头可靠接触。

隔离开关与接地开关之间的机械连锁，通过底座上两块带缺口的扇形盘来实现。确保隔离开关在合闸位置时，接地开关不能合闸；接地开关在合闸位置时，隔离开关不能合闸。

6. 操动机构

SRCJ7 型电动机操动机构主要由电动机、双蜗轮蜗杆全密封减速箱、转轴、辅助开关及控制保护电器组成，机构中设有辅助开关。

二、GW22B‑252D 型隔离开关的结构和工作原理

1. 隔离开关整体结构

隔离开关为单柱、垂直断口、折叠式结构，每组由三个独立的单极隔离开关组成（一个主极和两个边极）。隔离开关可以附装接地开关，作为下母线接地用。三极隔离开关由一台 SRCJ3 型电动机操动机构联动操作，三极接地开关由一台 SRCS1/SRCS2 型手动操动机构联动操作。

每个单极隔离开关由底座、支柱绝缘子、操作绝缘子、主导电部分、传动系统及接地开关（当需要时）组成（见图 2‑3）。

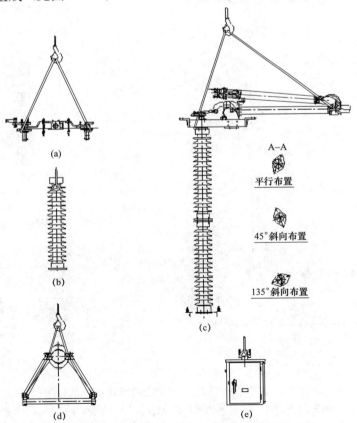

图 2‑3 GW22B‑252D 型隔离开关的结构组成

(a) 底座；(b) 支柱绝缘子；(c) 上导电部分及操作绝缘子；(d) 静触头；(e) 电动机操动机构

2. 基座

隔离开关基座由一块厚钢板制成,基座与安装底板通过高强度螺杆悬撑连接。支柱绝缘子、操作绝缘子、传动系统及接地开关安装在基座上。

3. 绝缘子

每极隔离开关的支柱绝缘子、操作绝缘子均由两个实心棒形绝缘子叠装而成,支柱绝缘子安装在基座上,操作绝缘子吊装在导电部分的旋转法兰下,且与基座垂直,基座操作拐臂上的传动销穿在操作绝缘子下法兰孔内,操作拐臂带动操作绝缘子旋转135°,完成隔离开关分、合闸。

4. 主导电部分

主导电部分包括传动座,上、下导电臂,动触头及悬挂式静触头(见图2-4)。主导电部分除静触头外,均安装在支柱绝缘子顶部。传动座中有机械传动元件及接线端子。

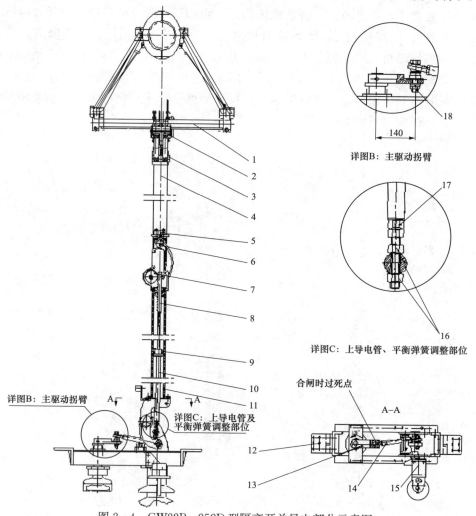

图 2-4 GW22B-252D型隔离开关导电部分示意图

1—悬挂式静触头;2—动触头;3—顶杆;4—上导电臂;5—软连接;6—滚轮;7—齿轮;8—齿条;9—平衡弹簧;

10—操作杆;11—下导电臂;12—接线端子;13—主操作拐臂;14—拉杆;15—接地开关静触头;

16—上导电臂调节螺母;17—平衡弹簧调节螺母;18—主拐臂调整螺栓

　　上、下导电臂通过齿轮、齿条实现折叠伸直动作。隔离开关分闸状态时，上、下导电臂折叠合拢，与其正上方的静触头之间形成清晰可见的隔离断口；合闸时，上、下导电管打开伸直成垂直状态，上导电臂顶端的动触头钳住静触头，形成导电通路。上、下导电臂之间及下导电臂与传动座之间，通过软连接保持电流导通。下导电臂内设有平衡弹簧，以平衡导电臂的重力矩，使操作平稳有力。当隔离开关分闸时，平衡弹簧吸收导电臂的运动势能使操作平稳；当隔离开关合闸时，平衡弹簧把吸收的势能释放出来，推动导电臂向上运动，降低操作力。

　　动触头为钳夹式，合闸时由上导电臂中的推杆驱动触指将静触头夹住，依靠外压式弹簧对静触头产生足够的接触压力。弹簧与触指之间有绝缘隔垫，防止弹簧分流；动触头及静触头上分别装有引弧触头。引弧触头在合闸时先接触，分闸时后分开。避免电弧烧伤主触头，使隔离开关具有良好的开合母线转换电流及电容、电感小电流的性能。触指顶端的导向板，能保证足够的钳夹范围和防止静触头滑出。

　　悬挂式静触头通过母线夹具、导电杆、铝绞线及导电夹安装到母线上，并由钢丝绳调整与固定上下位置。

　　5. 接地开关

　　附装的接地开关的圆棒形静触头固定在隔离开关的传动座上。接地开关导电杆由方形铝管制成，弯形动触板固定在接地导电杆上端。接地开关为一步动作式，合闸时依靠触板的变形使动、静触头可靠接触。结构设计上有效利用电动力夹紧静触头以及使接地开关保持在合闸位置，因此具有优异的承受短路电流的能力。

　　隔离开关与接地开关之间的机械连锁，通过各自操作轴上的缺口圆盘与带圆柱的连锁板来实现。确保隔离开关在合闸位置时，接地开关不能合闸；接开地关在合闸位置时，隔离开关不能合闸。

　　6. 操动机构

　　电动机操动机构由电动机、双蜗轮蜗杆全密封减速箱、转轴、辅助开关及电气控制、保护元件所组成。机构箱外壳采用不锈钢板铆接而成。机构配有防误操作装置，以实现手动操作与电动操作之间的连锁，机构箱门设有挂锁装置。

项目三　高压隔离开关的控制回路

　　高压隔离开关的操动机构大多既能手动操作，也能电动操作。操动机构一般配有防误操作装置，实现手动操作与电动操作之间的连锁。

　　图 2-5 为 GW22B-252D 型隔离开关的控制回路图，控制回路的原理如下。

一、照明加热回路

　　图 2-5 中 QF3 为照明加热回路小型断路器，可以控制该功能投入和退出。ST 为温湿度控制器，ST(2-4) 本是连通的，ST(1-3) 为动断触点。当温湿度在正常范围内时 ST(1-3) 是断开的，当温湿度达到动作值时 ST(1-3) 触点闭合，接通 EHD（加热器）进行加热。

　　SL3 为灯控开关，当操动机构箱门打开时，SL3(1-2) 触点接通，电灯 EL 点亮，为机构箱内部照明。

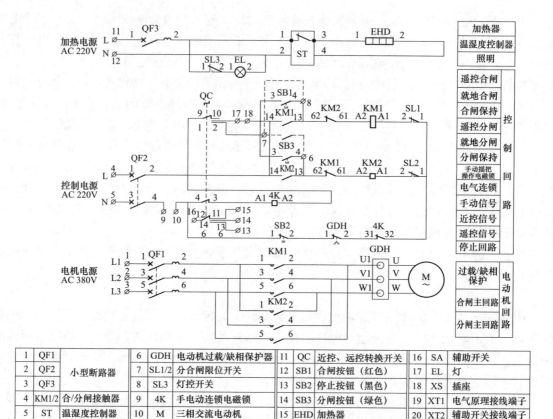

1	QF1	小型断路器	6	GDH	电动机过载/缺相保护器	11	QC	近控、远控转换开关	16	SA	辅助开关
2	QF2		7	SL1/2	分合闸限位开关	12	SB1	合闸按钮（红色）	17	EL	灯
3	QF3		8	SL3	灯控开关	13	SB2	停止按钮（黑色）	18	XS	插座
4	KM1/2	合/分闸接触器	9	4K	手电动连锁电磁锁	14	SB3	分闸按钮（绿色）	19	XT1	电气原理接线端子
5	ST	温湿度控制器	10	M	三相交流电动机	15	EHD	加热器	20	XT2	辅助开关接线端子

注：交流电动机，交流控制，带温控器。

图 2-5　GW22B-252D 型隔离开关的控制回路图

二、操作控制回路

操作控制回路能够实现遥控操作、就地电动操作和手动操作三种功能，是通过 QC 转换开关实现的。QC 转换开关有三个位置：手动位置，QC(3-4) 和 QC(11-12) 接通，其他都断开；就地电动位置，QC(9-10) 和 QC(13-14) 接通；遥控位置，QC(1-2) 和 QC(5-6) 接通。

1. 手动操作

当隔离开关需要手动操作时，把转换开关 QC 旋到手动位置，此时 QC(3-4) 接通。回路 L4→QF2(1-2)→4K(A1-A2)→QC(3-4)→触点(9-10)→QF2(3-4)→N5 接通，4K(电磁锁) 带电动作，隔离开关手动操作孔的活门就不会被锁住，可以进行手动操作。同时，由于 QC(9-10) 和 QC(1-2) 是断开的，隔离开关也不能进行电动操作。

触点(9-10) 是引进高压断路器的辅助触点（该触点在本图中并未画出），可以实现断路器和隔离开关的电动操作闭锁。如果需要隔离开关单独动作时，需要将触点(9-10) 之间短接。

转换开关 QC 在手动位置时，QC(11-12) 也接通了信号回路，给监控系统发出信号。

2. 就地电动操作

当隔离开关需要手动操作时，把转换开关 QC 旋到就地位置，此时 QC(9-10) 接通分合闸回路，QC(13-14) 接通信号回路。

（1）就地电动合闸。合闸回路为：L4→QF2(1-2)→QC(9-10)→触点(17-18)→SB1(3-4)→KM2(61-62)→KM1（A2，A1）→SL1(1-2)→4K(31-32)→GDH(1-2)→SB2(1-2)→触点(9-10)→QF2(3-4)→N5。

触点(17-18)可以引进接地开关的辅助触点，实现隔离开关主闸刀和地闸刀之间的连锁，SB1为合闸按钮，KM1和KM2为合分闸接触器。SL1为限位开关，当隔离开关主闸刀完全分闸时，SL1触点接通，当隔离开关主闸刀在合闸位置时，SL1触点是断开的，避免隔离开关在合闸位置时误按合闸按钮，损坏电动机。4K(31-32)为手电动连锁继电器的辅助触点，当转换开关QC在就地电动位置时，QC(3-4)是断开的，4K线圈不带电，该辅助触点闭合，允许电动操作。GDH是电动机过载/缺相保护器，正常时，此触点闭合。SB2为停止按钮。

当隔离开关需要电动合闸时，按下SB1，合闸回路接通，使KM1继电器线圈通电，主触点接通电动机回路，使电动机旋转，带动隔离开关合闸。

（2）就地电动分闸。分闸回路为：L4→QF2(1-2)→QC(9-10)→触点(17-18)→SB3(3-4)→KM1(61-62)→KM2(A1-A2)→SL2(1-2)→4K(31-32)→GDH(1-2)→SB2(1-2)→触点(9-10)→QF2（3-4）→N5。

该回路当中，SB3为分闸按钮。SL2为限位开关，当隔离开关主闸刀在完全合闸时，该触点接通。

当隔离开关需要电动分闸时，按下SB3，分闸回路接通，使KM2继电器线圈通电，主触点接通电动机回路，使电动机反向旋转，带动隔离开关分闸。

（3）停止操作。在分合闸操作过程中，当需要停止时，需要按下SB2按钮，切断分合闸回路，使KM1或KM2失电，相继切断电动机回路。

3. 遥控操作

当隔离开关需要遥控操作时，把转换开关QC旋到遥控位置，此时QC(1-2)接通分合闸回路，QC(5-6)接通信号回路。

遥控操作的原理与就地电动操作基本一样，只是把合分闸按钮用长电缆连接到了控制室，如图虚线所示。

三、电动机控制回路

电动机控制回路主要由KM1和KM2的辅助触点、过载/缺相保护器和电动机组成。KM1和KM2的主触点接通时，电动机的相序不一致，就实现了电动机的正反转。

项目四 高压隔离开关的巡视与操作

一、高压隔离开关的正常运行条件

在电网运行中，为使隔离开关能安全可靠运行，正确动作，保证其性能，必须做到以下几点：

（1）隔离开关工作条件必须符合制造厂规定的使用条件，如户内或户外、海拔、环境温度、相对湿度等。

（2）隔离开关的性能必须符合国家标准的要求及有关技术条件规定。

（3）隔离开关在电网中的装设位置必须符合隔离开关技术参数的要求，如额定电压、额定电流等。

（4）隔离开关各参数调整值必须符合制造规定的要求。

（5）隔离开关、机构的接地应可靠，接触必须良好可靠，防止因接触部位过热而引起隔离开关事故。

（6）与隔离开关相连接的回流排接触必须良好可靠，防止因接触部位过热而引起隔离开关事故。

（7）隔离开关本体、相位油漆及分合闸机械指示等应完好无缺，机构箱及电缆孔洞使用耐火材料封堵，场地周围应清洁。

（8）在满足上述要求的情况下，隔离开关的瓷件、机构等部分应处于良好状态。

二、巡视与操作危险点分析与安全控制措施

表 2-3 为巡视与操作危险点分析与安全控制措施。

表 2-3　　　　　　　巡视与操作危险点分析与安全控制措施

序号	危险点分析与安全控制措施
1	危险点：措施不力，造成人员进入带电间隔，碰触带电部分造成触电伤亡 措施：加强监护，与带电部分保证足够安全距离
2	危险点：设备发热没有及时发现，造成弧光短路 措施：巡视要认真、全面
3	危险点：运行中触动隔离开关操动机构，造成弧光短路 措施：巡视时，禁止操作隔离开关操动机构，避免滥用万能钥匙
4	危险点：带负荷分、合闸操作 措施：详细检查断路器，确定其保持在跳闸位置

三、主要作业程序、操作内容及工艺标准

表 2-4 为主要作业程序、操作内容及工艺标准。

表 2-4　　　　　　　主要作业程序、操作内容及工艺标准

实训模块	项目	内容及工艺标准
隔离开关的巡视	（1）巡视要求	1）掌握隔离开关的运行状况 2）发现其存在的隐患和缺陷 3）鉴定其原来缺陷的发展状况 4）做好巡视记录和缺陷记录 5）及时掌握隔离开关所带负荷状况
	（2）检查标志牌	名称、编号齐全、完好
	（3）检查绝缘子	清洁，无破裂、无损伤放电现象；防污闪措施完好
	（4）检查传动连杆、拐臂	连杆无弯曲、连接无松动、无锈蚀，开口销齐全；轴销无变位脱落、无锈蚀、润滑良好；金属部件无锈蚀，无鸟巢
	（5）检查法兰连接	无裂痕，连接螺钉无松动、锈蚀、变形

实训模块	项　　目	内容及工艺标准
隔离开关 的巡视	（6）检查接地开关	位置正确，弹簧无断股、闭锁良好，接地杆的高度不超过规定数值；接地引下线完整可靠接地
	（7）检查闭锁装置	机械闭锁装置完好、齐全，无锈蚀变形
	（8）检查操动机构	密封良好，无受潮
	（9）检查接地	应有明显的接地点，且标志色醒目。螺栓压接良好，无锈蚀
隔离开关 的操作	（1）操作前检查	1）检查断路器确已分闸 2）相应接地开关确已拉开并分闸到位 3）相应接地确已拆除
	（2）手动合隔离开关	1）应迅速、果断，但合闸终了时不可用力过猛 2）合闸后应检查动、静触头是否合闸到位，接触是否良好
	（3）手动分隔离开关	1）应慢而谨慎，当动触头刚离开静触头时，应迅速 2）拉开后检查动、静触头断开情况
	（4）操作过程中注意事项	1）要特别注意当绝缘子有断裂等异常时应迅速撤离现场，防止人身受伤 2）合闸操作完毕后，应仔细检查隔离开关是否均已越过死点位置
	（5）严禁用隔离开关进行的操作项目	1）带负荷分、合操作 2）配电线路的停送电操作 3）雷电时，拉合避雷器 4）系统有接地（中性点不接地系统）或电压互感器内部故障时，拉合电压互感器 5）系统有接地时，拉合消弧线圈

四、检查验收记录（见表2-5）

表2-5　　　　　　　　　检 查 验 收 记 录

自验记录	需要改进的内容	
	存在问题和处理意见	

负责人签字：

年　　月　　日

项目五　高压隔离开关的调整与试验

一、检修设备、备品、备件、工器具及耗材

表2-6为高压隔离开关检修设备、备品、备件、工器具及耗材。

表 2-6　　　　　　　　　　检修设备、备品、备件、工器具及耗材

序号	名　　称	规格/编号	单位	数量	备注
一	实训设备				
1	GW23B-126 隔离开关				
2	GW22B-252 隔离开关				
二	工器具				
1	套筒扳手	10~32mm	套	1	
2	梅花扳手	6、8、10、12、13、14、15、16、17、19、20、22、24、27、30、32mm	套	3	
3	活络扳手	6、8、10、12″	套	3	
4	开口两用扳手	5.5、6、8、9、10、12、13、14、15、17、18、19、20、22、24、27、30、32mm	套	3	
5	内六角形扳手	—	套	1	
6	铁榔头	1.5 磅	把	1	
7	木榔头	—	把	1	
8	一字螺钉旋具	2、4、6、8″	套	1	
9	十字螺钉旋具	2、4、6、8″	套	1	
10	钢丝钳	8″	把	2	
11	弹性挡圈钳		把	1	
12	锯弓		把	1	
13	整形锉	—	套	1	
14	塞尺	0.02~1.0mm	把	1	
15	绳索	—	m	若干	
16	吊带	额定负载 2000kg	根	2	
17	圈尺	5m	把	1	
18	钢直尺	150mm	把	1	
19	工具包	—	只	6	
20	起吊机具	—	套	1	
21	临时接地保安线	—	副	若干	具体数量根据需要
22	安全带	DW2Y	副	若干	具体数量根据需要
23	屏蔽服	—	套	若干	必要时，具体数量根据需要
24	万用表	—	只	1	
25	绝缘电阻表	2500、1000V	只	各1	
26	回路电阻测试仪	100A	台	1	

续表

序号	名　称	规格/编号	单位	数量	备注
27	隔离开关触指压力测试仪	YGY－1（2）	台	1	
28	力矩扳手	0～150N·m	套	1	
		0～400N·m	套	1	
29	游标卡尺	0～125mm	副	1	
30	水平尺	400mm	把	1	
31	线盘	380、220V	只	各1	
32	线锤	0.5kg	只	1	
33	电焊机	380/220V	台	1	必要时
34	升降梯	—	张	根据需要配置	
35	液压升降台	—	台	根据需要配置	
36	油盘	—	只	3	
37	检修专用工具	—	套	1	
38	脚手架	—	组	1	
39	其他				
三	实训耗材及备品备件				
1	开口销	ϕ2.5×30	只	10	
		ϕ3.2×30	只	50	
		ϕ4×30	只	50	
2	螺栓	M6×12 不锈钢	只	5	
		M8×30 不锈钢	只	5	
		M8×50 不锈钢	只	5	
		M12×50	只	8	
		M12×80	只	8	
		M16×80	只	8	
3	白布	—	kg	1.5	
4	金相砂布	400～600 号	张	3	
5	砂纸	00 号	张	3	
6	铁砂布	120 号	张	3	
7	无水乙醇	分析纯	kg	0.5	
8	工业汽油	90 号	kg	3	
9	钢锯条	300mm、细齿	支	3	
10	小毛巾	—	块	5	
11	导电脂	—	kg	0.2	

序号	名　称	规格/编号	单位	数量	备注
12	白纱带	—	圈	0.5	
13	镀锌铁丝	8 号	kg	2	
14	机油	30 号	kg	0.1	
15	漆刷	1.5 寸	把	3	
		2 寸	把	3	
16	塑料薄膜	—	m	3	
17	油漆	醇酸漆	kg	0.4	黄、绿、红、黑各 0.1
18	防锈漆	—	kg	1	
19	润滑脂	二硫化钼	kg	1	
20	松动剂	—	听	1	
21	中性凡士林	—	kg	0.5	
22	记号笔	—	支	1	
23	洗手液	—	瓶	1	
24	厌氧胶	352　50g	盒	1	
25	钢丝刷	—	把	1	
26	直流电阻测试仪	—	台	1	
27	静触头	8RG.515.475.3	只/组	3	GW23 - 126
28	动触头	8RG.551.475.1	只/组	6	GW23 - 126
29	软接线	5RG.503.475.4	根	6	GW23 - 126
		5RG.503.475.5	根	6	GW23 - 126
		5RG.503.475.6	根	6	GW23 - 126
30	弹簧	8SR.282.014	根	3	GW22B - 252
		8SR.282.016	根	24	GW22B - 252
31	导向套	8SR.213.008	只/组	3	GW22B - 252
		8SR.213.005	只/组	3	GW22B - 252
32	板	8SR.150.121	只/组	6	GW22B - 252
33	轴套 1515	GB/T 12949	只/组	6	GW22B - 252
34	轴套 2520	GB/T 12949	只/组	6	GW22B - 252
35	橡胶防尘密封圈 FA 型 12	GB/T 10708.3	只/组	3	GW22B - 252
36	触头	8SR.551.015	只/组	3	GW22B - 252
37	触指	8SR.565.014	只/组	3	GW22B - 252

二、检修危险点分析与安全控制措施

表 2 - 7 为高压隔离开关检修危险点分析与安全控制措施。

表 2-7   检修危险点分析与安全控制措施

序号	危险点或危险因素		防范或安全措施
1	人身触电	(1) 拆、接低压电源	1) 应由两人进行，一人操作，一人监护
			2) 检修电源应有漏电保护器；电动工具外壳应可靠接地
			3) 检修前应断开交、直流操作电源及储能电动机、加热器电源；严禁带电拆、接操作回路电源接头
			4) 螺钉旋具等工具金属裸露部分除刀口外包绝缘
		(2) 误碰带电设备	1) 运长物件，应两人放倒搬运
			2) 搭设脚手架，应与带电设备保持安全距离
			3) 吊车进入高压设备区必须由专人监护、引导，按照指定路线行走；工作前应划定吊臂和重物的活动范围及回转方向。确保与带电体的安全距离：110kV 不小于 4m，220kV 不小于 6m，500kV 不小于 8.5m
			4) 高架车作业时，时刻注意与相邻带电设备的电气距离，与周围相邻带电设备的安全距离 110kV 不小于 4m，220kV 不小于 6m，500kV 不小于 8.5m。高架车应可靠接地
		(3) 感应触电	1) 在强电场下进行部分停电工作应增加保安接地线
			2) 检修人员必须在断开试验电源并放电完毕后才能工作
		(4) 误登带电设备	1) 检修设备与相邻运行设备必须用围栏明显隔离并悬挂警示牌
			2) 中断检修每次重新开始工作前，应认清工作地点、设备名称和编号；严禁无监护单人工作
2	高空摔跌	(1) 脚手架搭设不牢	1) 脚手架搭设后应检查牢固性；底脚稳固，护栏牢靠；脚手板应放稳、厚度不应小于 5cm，并有防滑措施
			2) 禁止在脚手架上超重聚集人员或放置超过荷重的材料
			3) 拆除脚手架时应设专人监护；拆除区域内禁止无关人员逗留
		(2) 梯子使用不当	1) 梯子应绑牢、防滑；梯上有人，禁止移动
			2) 登高时严禁手持任何工器具，不准负重上下
			3) 使用升降梯前应仔细检查，升到一定高度后应按规定设置横绳
		(3) 高处作业	正确使用安全带，安全带应挂在牢固的构件上，严禁低挂高用
		(4) 传动操作带落人员	手动和电动操作前必须呼唱并确认人员已离开传动部件和转动范围及动触头的运动方向
3	物体打击	(1) 引线突然弹出打击	拆、装的引线应用绝缘绳传递，引线运动方向范围内不准站人
		(2) 零部件跌落打击	1) 零部件上下应用传递绳。工器具、物品上、下应用绳子和工具袋传递，禁止抛掷
			2) 不准在脚手板上存放
		(3) 绝缘子突然断落	1) 拆装绝缘子必须用吊车或专用吊具系好吊稳
			2) 不得将绝缘子作为安全带固定点

续表

序号	危险点或危险因素		防范或安全措施
4	机械伤害	（1）调整时动触头伤人	1）调整人站立位置应躲开触头动作半径
			2）调整人发令，操作人配合，上下呼唱
		（2）机械闭锁装置误动伤人	检修调整机械闭锁装置时暂停其他作业
		（3）接地开关掉落伤人	传动连杆拆、装时设专人扶持
		（4）电动操作伤人	检修过程中应将垂直连杆脱离，电动调整及远方操作时应确认隔离开关作业人员保持安全距离
5	其他	高层隔离开关检修时检修电源线误碰带电设备	所用电焊机、电钻等电动工具电源线应绑扎牢固可靠

三、高压隔离开关检修项目流程图

图 2-6 所示为高压隔离开关检修项目流程图。

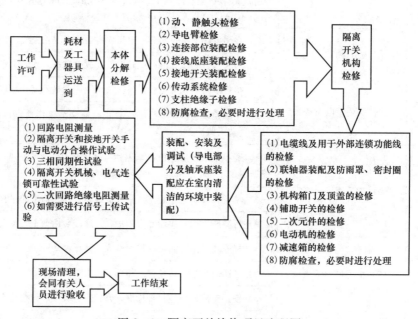

图 2-6　隔离开关检修项目流程图

四、高压隔离开关检修作业、操作内容及工艺标准

（一）GW23B-126 型高压隔离开关大修

1. 检修依据（见表 2-8）

表 2-8　　　　　　　　　　GW23B-126 型高压隔离开关检修依据

检修项目	判　断　依　据	处理方案
整体回路电阻	测量值超出允许值，接触部位损伤，维护后仍然不能满足标准值	更换损坏零部件

续表

检修项目	判断依据	处理方案
机械特性	传动部位卡阻、变形，操作不灵活，分合闸不到位	更换损坏零部件
操动机构	传动部位卡阻不能手动，电气元件损坏不能电动等	更换损坏零部件
触头与触指接触部位	接触压力过低不能满足标准要求，有发热、烧灼现象	更换触刀与触指及触指弹簧等
其他不必经过测试就应进行大修的情况	隔离开关运行年限达到 20 年	解体检查各部位并清理，必要时进行更换
	隔离开关累计操作次数 4000 次	
	导电部位严重过热，触头、触指严重烧伤等	

2. 本体拆卸（见表 2-9）

表 2-9　　　　　　　GW23B-126 型高压隔离开关本体拆卸

检 修 工 艺	质 量 标 准
修前合、分闸操作	检查传动部分、导电部分及操动机构的运转状况，并对调整数据进行记录核对，供检修中参考
（1）确认隔离开关与接地开关均处于分闸位置，并将前导电臂与后导电臂捆扎 （2）拆除隔离开关二端引线 （3）拆除与机构夹件连接的垂直管，吊下机构 （4）拆除导电部位与支柱绝缘子上法兰连接的 M16 螺钉，同时吊下导电部位与操作绝缘子，未落地前拆去旋转绝缘子	待分解检修完成后的组装与拆卸顺序相反，所有连接螺栓必须按力矩要求紧固
（1）分别拆去三相支柱绝缘子与底板连接的 M16 螺栓，吊下三相支柱绝缘子 （2）松开接地开关导电管与底座转管连接的铝夹件，将接地开关导电管从底座上拆除 （3）拆除主、地刀三相连动杆及与机构连接的垂直杆 （4）拆开底座与安装板连接的 M20 螺母，吊下底座	—

3. 本体外观检查（见表 2-10）

表 2-10　　　　　　　GW23B-126 型高压隔离开关本体外观检查

检 修 工 艺	质 量 标 准
（1）绝缘子应该无破坏、无裂纹 （2）铸铁法兰应无裂纹，铸铁法兰与绝缘子的胶合物应无脱落 （3）清除绝缘子上的污垢 （4）检查绝缘子的伞裙结构，必要时可测量其爬电距离是否满足要求 （5）绝缘子超声波探伤	（1）发现有裂纹必须更换 （2）铸铁法兰与绝缘子的胶合应良好 （3）绝缘子表面应清洁光亮，绝缘子结构应该符合标准规定，其爬电距离必须符合污秽区要求 （4）无损伤
（1）认真检查各连接螺栓、螺钉，并用力矩扳手紧固外部各连接螺栓 （2）锈蚀螺栓应更换，更换螺栓时应识别其级别，一般均为 6.8 级的高强度螺栓	—

续表

检 修 工 艺	质 量 标 准
拆开接线端引线，清洁处理接触面，涂导电脂，螺栓应紧固，锈蚀螺栓应更换	—
（1）锈蚀部位应除锈、涂防锈涂料，必要时更换锈蚀严重的零部件 （2）重新涂刷相位识别漆，黄、绿、红三相识别应明显、清晰	—
接地线应完好，连接端的接触面不应有腐蚀现象、连接牢固、螺栓紧固，锈蚀螺栓应更换	—

4. 导电部分检修（见表 2-11）

表 2-11　　　　　　　GW23B-126 型高压隔离开关导电部分检修

检 修 工 艺	质 量 标 准
1. 动侧导电部分解体 （1）将带电部分底座水平固定在专用检修架上，在分闸位置拆除下导电臂与导电底座处软连接 （2）拆下下导电臂内连接齿条拉杆与底座转轴的两只 M16 拧紧螺母，同时拆下下导电臂与主转动支架的 4 只 M12 螺栓，将上、下导电臂与导电底座拆除 （3）拆开上、下导电臂关节处连接导电软接线，松开上导电臂旋转轴上的夹件及传动板，使上导电臂与下导电臂分离 （4）拆除动触头与上导电臂连接的 4 只 M12 螺栓，拆下动触头	（1）将导电接触面清理干净（预先作好记号，便于组装时恢复原始尺寸） （2）用百洁布清擦触头镀银层，镀银层表面应光洁，镀银层有剥落、烧伤或磨损凹槽应更换触头 （3）组装时，顺序相反，将所有接触连接处清砂后涂导电脂，螺栓紧固

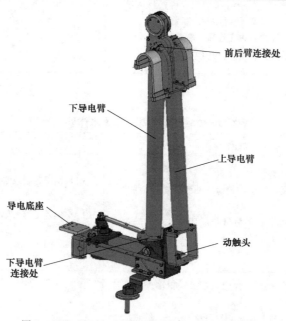

图 1　GW23B-126 型高压隔离开关导体拆卸示意图

检 修 工 艺	质 量 标 准

2. 下导电臂、齿轮箱解体

（1）取出压平衡弹簧的顶管，取出平衡弹簧及弹簧导向套

聚四氟乙烯
弹簧导向套

下导电臂内
平衡弹簧

图 2　平衡弹簧拆卸

（2）拆除下导电臂与齿轮箱连接螺栓，从后导电臂上部抽出与齿轮箱连在一起的拉杆

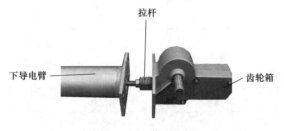

拉杆

下导电臂

齿轮箱

图 3　齿轮箱拆卸

（3）拆开连接两半齿轮箱的 3 只 M8 长螺栓，拆开齿轮箱（齿条顶端与齿轮上工艺小孔错位 8 个齿），取出齿轮箱内齿轮，并抽出齿条，取出压齿条的滚动套及转动轴销，取出齿轮箱转动处的复合轴套

（1）齿条平直，无变形、断齿等。滚动套无压痕，套内轴套未磨损，齿轮箱无裂纹，压平衡弹簧顶管上的聚四氟乙烯导向套无老化、磨损现象

（2）对所有拆卸的零部件进行清洗，轴销、弹簧应涂合适的二硫化钼润滑脂

（3）按拆卸时的逆顺序复装下导电臂，注意齿轮与齿条的位置关系，两齿轮箱贴合面涂玻璃胶

齿条

轴销

滚动套

齿轮

齿轮箱

图 4　滚动轮拆卸

检 修 工 艺	质 量 标 准
3. 导电底座解体 （1）拆除拉杆两端关节轴承与主、从动拐臂连接处螺栓 （2）拆掉主传动拐臂与操作法兰盘，拆开主操作拐臂与法兰盘上连接销，取出主操作转动支架，取出操作支架内的无油自润滑轴承 （3）将导电铝角材与两端接线端子拆离，取出传动支架，拆掉支架两边挡板，用铜棒敲出主转轴，取下二端轴承及衬套，取下从动拐臂及从动拐臂孔内的复合轴套	对所有拆卸的零部件进行清洗，关节轴承、轴销、轴套应涂合适的二硫化钼润滑脂，轴套外圈应涂厌氧胶与孔配合装配；按拆卸时的逆顺序复装导电底座
4. 静触头解体 （1）拆卸静触头座上的导向定位件及动触头定位件 （2）拆除触指与触头座连接的 M8 螺栓，取下触指及压力弹簧	（1）清洗零部件，各接触面不应有氧化层，用百洁布清擦主触头镀银层 （2）表面光洁，镀银层有剥落、烧伤或磨损凹槽应更换 （3）检查两定位件表面是否有压痕，是否老化，如有应更换 （4）组装时，顺序相反，将所有接触连接处清理干净后涂导电脂，螺栓紧固

5. 底座部分检修（见表 2 - 12）

表 2 - 12　　　　　　　　　GW23B - 126 型高压隔离开关底座部分检修

检 修 工 艺	质 量 标 准
（1）拆掉与主操作轴连接的连锁板，从上部拔出转动主轴进行清洗，检查转动主轴不应严重磨损，锈蚀应更换 （2）拆开主轴上传动销，检查是否有压痕，锈蚀应更换 （3）检查底座大弯板上转动轴套是否有磨损，并清理干净	（1）拉杆是否弯曲，如有应调直，拉杆转动接头处轴套应无磨损，并清洗干净 （2）转动铜套检查是否磨损、变形，若有应更换；组装时，顺序相反，轴承、轴加二硫化钼润滑脂，螺栓紧固

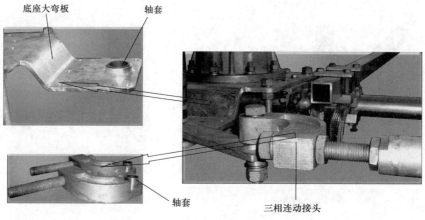

图 1　底座

6. 接地部分检修（见表 2 - 13）

表 2 - 13　　　　　　　　GW23B - 126 型高压隔离开关接地部分检修

检 修 工 艺	质 量 标 准
（1）拆去接地开关导电臂的紧固夹件、紧固夹件与接地开关转轴的紧固螺栓、接地软导线的连接螺栓，取下接地开关导电臂 （2）拆去接地开关导电臂和 L 形动触头的两个 M12 连接螺栓，将动触头上触指分解后，进行检查清洗，接触面无烧伤痕迹	组装时，顺序相反，导电臂与动触头接触处涂导电脂，接地软连线无断股，两端接触面不应氧化，清擦后涂导电脂，所有连接螺栓应紧固
（1）从主闸刀静触头座上拆下连接接地开关静触头的两个固定螺栓，取下静触头 （2）拧松静触头夹紧螺栓，拆下静触头及电晕帽	（1）清洗、检查拆卸的零件，电晕帽应完好、无变形，静触头应光洁 （2）组装时，顺序相反，固定接触面涂导电脂，静触头涂导电脂，螺栓紧固
（1）拆除接地开关主动操作拐臂与从动拐臂之间的拉杆，松开平衡弹簧的夹件，从接地开关转轴上抽出平衡弹簧，松开转轴上防轴向窜动定位的止紧螺钉，抽出接地开关转动转管，取出转管转动复合轴套 （2）拆除底座上平行四连杆传动销，拆除与接地开关操作轴连接的连锁板及连动拐臂，从上部拔出转动主轴进行清洗，检查转动主轴不应严重磨损，锈蚀应更换	（1）检查底座大弯板上转动轴套是否有磨损，并清理干净 （2）检查拉杆是否弯曲，如有应调直，拉杆转动接头处轴套应无磨损，并清洗干净，转动套检查是否磨损、变形，若有应更换 （3）组装时，顺序相反，轴承、轴加涂二硫化钼润滑脂，螺栓紧固

7. 操动机构检修（见表 2 - 14）

表 2 - 14　　　　　　　　GW23B - 126 型高压隔离开关操动机构检修

检 修 工 艺	质 量 标 准
1. CJ7 型电动操动机构解体 （1）打开正门及侧门，记下电缆进线及用于外部连锁等功能的端子编号，松开接线点，并作标记 （2）松开法兰上的止紧螺栓用木槌将法兰向上敲打，取下法兰及密圈 （3）打开电动机上的接线盒，记下接线编号，拆开电源线 （4）取下限位开关（分闸限位及合闸限位用） （5）拆除电气元件板 （6）松开减速箱的固定螺栓，取出减速箱 图 1　CJ7 型电动操动机构总装图	（1）键槽、键变形应更换法兰、轴或键 （2）限位开关动作灵活可靠，底座完好，否则更换

检 修 工 艺	质 量 标 准
2. 减速箱解体 （1）拆除齿轮、电动机、辅助开关 （2）拆除减速箱的顶盖 （3）拆除丝杠两端的轴承盖，取出丝杠、往复螺母 图 2　CJ7 型电动操动机构减速箱装配图	（1）辅助开关可靠切换、触点接触良好 （2）底座无变形、无裂纹 （3）齿轮、丝杠、往复螺母转动灵活，无严重磨损 （4）组装时，顺序相反，轴承、齿轮、丝杠加涂二硫化钼润滑脂润滑，螺栓紧固
3. 二次元件检修 （1）检查小型断路器分、合是否可靠 （2）检查限位开关动作是否可靠 （3）检查转换开关近、远、手动是否准确可靠，辅助开关是否灵活 （4）检查接触器的动作情况，用汽油对触指进行清洗，用 1000V 绝缘电阻表测量线圈的绝缘情况 （5）检查两个端子排的锈蚀及接触情况，并用 1000V 绝缘电阻表测量端子及二次回路的绝缘情况 （6）检查机构箱门的密封情况及电缆进线孔的密封情况 （7）各电气元件接点接线可靠，不得松动 （8）检查加热器是否完好，通电是否加热	（1）小型断路器动作应可靠 （2）行程开关动作可靠 （3）分、合闸切换及信号可靠。转换开关打在手动时，控制回路带电，手动闭锁随意拉出 （4）触点接触可靠。线圈绝缘电阻不小于 2MΩ （5）接触可靠，无锈蚀或烧伤痕迹，二次线的绝缘电阻不小于 2MΩ （6）密封严密，防止灰尘及其他异物进入 （7）将各螺钉拧紧 （8）如不能加热，更换加热器
4. 电机检修 （1）拆下电动机 （2）试验电动机的运转情况，转子与定子间隙应均匀 （3）拆下电动机端盖，检查并清理轴承 （4）用 1000V 绝缘电阻表测量电动机绝缘电阻 （5）检查接线端子并予以紧固	（1）转子和定子应无卡阻现象 （2）轴承无锈蚀、无严重磨损，否则应更换 （3）绝缘电阻不小于 0.5MΩ （4）接线端子螺栓无锈蚀、接触良好

8. 安装与调整（见表 2-15）

表 2-15　　　　　　　GW23B-126 型高压隔离开关安装与调整检修

检 修 工 艺	质 量 标 准
1. 隔离开关的调整 （1）固定底座，使底座上绝缘子安装面到基础安装面距离为 140mm±10mm，同时校验上平面在两个方向上的水平 （2）用 C 形垫片放置在绝缘子的法兰的连接螺栓间，校正带电部分底座水平	（1）动触头插入静触头过程中应与导向定位件及动触头定位件无干涉，主闸刀合闸终止时，导电主操作拐臂应过死点 （2）静触头与动触指接触间隙保证 0.05mm 的塞尺不通过

检 修 工 艺	质 量 标 准
（3）主闸刀主动相及操动机构在分闸位置时，连上垂直操作杆，去除捆绑带，手动分、合闸，在分合闸位置定位均有 1～3mm 间隙 （4）根据三相底座操作绝缘子中心距来确定三相连杆的中心距，并连接 （5）手动合闸，前后导电管应水平，导电底座上主动拐臂应过死点 （6）下导电臂水平调整。可拧松导电底座拉杆的两端拼帽，调节连杆（正反牙），放长螺纹使下半臂与垂线形成连死点的夹角变大；反之，夹角变小。调节后应紧固拼帽后才可进行分、合闸。如果下导电臂角度有偏差，可松开主动拐臂与拉杆接头连接螺栓，将接头中心向外拉，角度变大；反之，角度变小 （7）上导电臂不垂直调整。可拧松下导电臂内与齿条连接拉杆与转动轴拧紧螺母，调节拉杆下端螺纹出头长度，调节后应紧固拼帽后才可进行分、合闸操作 　2．接地开关的安装及三相联动调整 （1）安装时分别把接地开关的从动拐臂、导电臂、挡圈、平衡弹簧及定位件套到管子上，再用连接管接头把两根管连接起来。为了减少操作力矩和提高合闸动作的一致性，确保分合闸操作轻松灵活，在两个边相上安装好平衡力矩的扭簧，扭簧安装时要有一些预变形量 （2）在接地开关置于分闸位置，操动机构也置于分闸位置时，连接接地开关的从动拐臂。在隔离开关置于分闸位置时，手动分合闸接地开关，当接地开关在合闸状态下，应确认静触头在动触头下方露出。当接地开关合不到位时，可调整从动拐臂与水平方向的夹角，使之略小于 35°，必要时可松开从动拐臂螺栓，调整拐臂中心距以达到分合闸位置正确。如果操作力过大，可以适当调整平衡弹簧，如分闸时咬死，分不开，可通过调整垫片减小动触头夹紧力 （3）操作隔离开关和接地开关时，应注意机械连锁的动作情况。任何错误的操作都可能损伤连锁部件或操动机构 （4）在隔离开关处于分闸位置时，手动分、合闸三相联动接地开关。进行适当调整，使三相接地开关分、合闸动作同步一致。最后将接地开关软连接固定到隔离开关基座上的接地端子上	（3）合闸时，合闸位置机构箱顶部的指示箭头应对准法兰盘上"合"；分闸时，分闸位置机构箱顶部的指示箭头应对准法兰盘上"分" （4）所有螺栓必须参照 6.8 级的力矩标准要求进行紧固 （5）将机构位置开关放在近控挡，电动合、分闸操作各类调整值最终以电动为准 （6）测量主回路电阻（20℃时）：应不大于技术参数表中数值（允许误差±20%） （7）触指压力： 1）每对触指压力值为： 2000A≥130N； 2500A/3150A≥130N 2）4000A（钳夹式）总压力为：≥750N （8）接地开关在合闸状态下，应确认静触头在动触头下方露出 10～15mm （9）隔离开关和接地开关机械连锁正确 （10）合闸接触可靠，分闸位置三相接地开关导电臂基本水平（或按产品说明书的要求调整）

9. 隔离开关导电回路电阻的测量（见表 2−16）

表 2−16　　　　　GW23B−126 型高压隔离开关导电回路电阻的测量

实训模块	项目	内容及工艺标准
隔离开关导电回路电阻的测量	（1）采用直流压降法进行接线	电压线接在内侧，电流线接在外侧
	（2）用直流电阻测试仪进行测量	测量主闸刀回路电阻（μΩ）（±20%） 2000A：150；2500A：100；3150A：90

10. 验收项目及质量标准（见表 2-17）

表 2-17　　　　　　GW23B-126 型高压隔离开关验收项目及质量标准

序号	工序	验收项目	质量标准	验收结果（√×）
1	底座安装	外观检查	无机械损伤	
2		底座与基础连接	牢固	
3		水平误差	≤10mm	
4		相间中心距离误差	≤20mm	
5		操作轴转动检查	转动灵活无卡阻	
6	绝缘子安装	外观检查	转动灵活无卡阻	
7		瓷铁胶合处检查	清洁无裂纹	
8		瓷柱与底座平面	粘接牢固	
9		同相各瓷柱中心线	垂直	
10	导电部位	载流体表面	清洁，无凹陷、锈蚀	
11		可挠软连接检查	连接可靠，无折损	
12		连接端子检查	清洁、平整，并涂导电膏	
13		触头表面镀银层	完整，无脱落	
14		静触头固定	与母线连接固定	
15		均压环检查	清洁，无损伤、变形	
16		静触头与动触头表面平滑，并涂以薄层中性凡士林	合闸位置时，静触头与动触头接触，用 0.05mm×10mm 的塞尺检查应塞不进去	
17		测量主闸刀合闸后触指压力值	（1）每对触指压力值为：F（2000A）≥130N；F（2500A/3150A）≥130N（2）4000A（钳夹式）总压力 F≥750N	
18		测量主闸刀回路电阻（μΩ）（±20%）	测量主闸刀回路电阻（μΩ）（±20%）2000A：150；2500A：100；3150A：90	
19	传动装置	传动部分连接部位销子、螺栓	不松动	
20		传动部分部件安装	连接正确，固定牢靠	
21		定位螺钉调整	固定可靠	
22	操动机构安装	机构箱固定	牢固	
23		零部件检查	齐全，无损伤	
24		辅助开关检查	动作可靠，接点接触良好	
25		电气闭锁装置动作检查	正确，灵活，可靠	
26		接地开关与主触头间机械或电气闭锁	准确，可靠	
27		限位装置动作检查	在分、合闸相限位置可靠切除电源	
28		蜗轮、蜗杆动作检查	准确可靠，轻便灵活	
29		手动机构在分合闸位置	分合闸指示正确	

续表

序号	工序	验收项目	质量标准	验收结果（√/×）
30	操动机构安装	手动机构在分合闸位置	分合闸指示正确	
31		电动机构电气回路绝缘电阻	≥2MΩ	
32		电动机绝缘电阻	≥1MΩ	
33		电动机转动检查	正常	
34		机构箱密封垫检查	完整	
35	隔离开关调整	主闸刀合闸终止时，导电主操作拐臂位置	主闸刀合闸终止时，导电主操作拐臂应过死点	
36		主闸刀合闸位置，检查动、静触头接触情况	动触头与静触头上缓冲定位件间隙为5～30mm	
37		合闸位置，导电臂状态	合闸位置时，上导电臂应水平，下导电臂可略向合闸方向水平倾斜0°～2°	
38		三相合闸不同期允许值	≤20mm	
39		分合闸止钉	分合闸到位后，分合闸止钉应留有1～3mm的间隙	
40		检查接地开关动触头与静触头接触位置	合闸时，接地开关动触头与静触头应对中心，可改变各自动臂与水平连杆的夹件的夹紧位置	
41		检查接地开关动、静触头的接触情况	合闸位置时，静触头下端外露尺寸应为10～15mm	
42		检查接地开关机构定位	分闸终了位置时，接地开关与定位件接触；分、合闸终了时，电磁锁应轻松正确进入闭锁孔内，且无卡涩现象	
43		电动操作试验	动作平稳，无卡阻、冲击	
44	接地	底座接地	牢固，导通良好	
45		机构箱接地	牢固，导通良好	
46	其他	所有转动部位检查	涂润滑脂	
47		防松件检查	防松螺母紧固，开口销开口	
48		机构箱孔洞处理	封堵密封良好	

（二）GW22B-252型高压隔离开关大修

1. 检修依据（见表2-18）

表2-18　　　　GW22B-252型高压隔离开关检修依据

检修项目	判断依据	处理方案
整体回路电阻	测量值超出允许值，接触部位损伤，维护后仍然不能满足标准值	更换损坏零部件
机械特性	传动部位卡阻、变形，操作不灵活，分合闸不到位	

续表

检 修 项 目	判 断 依 据	处 理 方 案
操动机构	传动部位卡阻不能手动，电气元件损坏不能电动等	更换损坏零部件
触头与触指接触部位	接触压力过低不能满足标准要求，有发热、烧灼现象	更换触刀与触指及触指弹簧等
其他不必经过测试就应进行大修的情况	隔离开关运行年限达到 20 年	解体检查各部位并清理，必要时进行更换
	隔离开关累计操作次数 4000 次	
	导电部位严重过热，触头触指严重烧伤等	

2. 本体拆卸（见表 2-19）

表 2-19   **GW22B-252 型高压隔离开关本体拆卸**

检 修 工 艺	质 量 标 准
修前合、分闸操作	检查传动部分、导电部分及操动机构的运转状况，并对调整数据进行记录核对，供检修中参考
（1）确认隔离开关与接地开关均处于分闸位置，并将上导电臂与下导电臂捆扎 （2）拆除隔离开关二端引线 （3）拆除与机构夹件连接的垂直管，吊下机构 （4）拆除导电部位与支柱绝缘子上法兰连接的 M16 螺钉，同时吊下导电部位与操作绝缘子，未落地前拆去旋转绝缘子	待分解检修完成后的组装与拆卸顺序相反，所有连接螺栓必须按力矩要求紧固
（1）分别拆去三相支柱绝缘子与底板连接的 M16 螺栓，吊下三相支柱绝缘子 （2）松开接地开关导电管与底座转管连接的铝夹件，将接地开关导电臂从底座上拆除 （3）拆除主、地闸刀三相连动杆与机构连接的垂直杆 （4）拆开底座与安装板连接的 M20 螺母，吊下底座	—

3. 本体外观检查（见表 2-20）

表 2-20   **GW22B-252 型高压隔离开关本体外观检查**

检 修 工 艺	质 量 标 准
（1）绝缘子应该无破坏、无裂纹 （2）铸铁法兰应无裂纹，铸铁法兰与绝缘子的胶合物应无脱落 （3）清除绝缘子上的污垢 （4）检查绝缘子的伞裙结构，必要时可测量其爬电距离是否满足要求 （5）绝缘子超声波探伤	（1）发现有裂纹必须更换 （2）铸铁法兰与绝缘子的胶合应良好 （3）绝缘子表面应清洁光亮，绝缘子结构应该符合标准规定，其爬电距离必须符合污秽区要求 （4）无损伤
（1）认真检查各连接螺栓、螺钉，并用力矩扳手紧固外部各连接螺栓 （2）锈蚀螺栓应更换，更换螺栓时应识别其级别，一般均为 6.8 级的高强度螺栓	—

续表

检 修 工 艺	质 量 标 准
拆开接线端引线,清洁处理接触面,涂导电脂,螺栓应紧固,锈蚀螺栓应更换	—
(1) 锈蚀部位应除锈、涂防锈涂料,必要时更换锈蚀严重的零部件 (2) 重新涂刷相位识别漆,黄、绿、红三相识别应明显,清晰	—
接地线应完好,连接端的接触面不应有腐蚀现象、连接牢固、螺栓紧固,锈蚀螺栓应更换	—

4. 导电部分检修(见表 2 - 21)

表 2 - 21　　　　　　　　GW22B - 252 型高压隔离开关导电部分检修

检 修 工 艺	质 量 标 准
1. 导电部分整体解体 (1) 将带电部分底座水平固定在专用检修架上,调节平衡弹簧拧紧螺母,使平衡弹簧放松 (2) 拆除下导电臂与导电底座处软连接 (3) 拆开捆扎上、下导电臂的绳索,人工将导电管合直 (4) 拆开下导电臂内连接齿条拉杆与底座转轴的 2 只 M16 拧紧螺母,同时拆下下导电臂与主转动支架的 4 只 M12 螺栓,将上、下导电臂与导电底座拆除 (5) 拆除上、下导电臂关节处连接导电软接线,松开上导电臂旋转轴上的夹件及传动板,使上、下导电臂分离	(1) 将导电接触面清理干净(预先作好记号,便于组装时恢复原始尺寸) (2) 组装时,顺序相反,将所有接触连接处清理干净后涂导电脂,螺栓紧固
2. 上导电管解体 (1) 拆掉钳夹触头杠杆与上管内顶杆上端连接的 M12 螺母,拆开连接动触头触指片与铜软接线及铜软接线与导电臂的 M8 螺栓,拆除上导电臂上部与动触头连接的 4 只 M12 螺栓,将动触头与上导电臂分离开,并从上导电臂下部抽出带复位弹簧、导向滑动套的顶杆 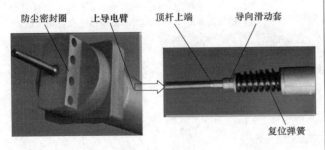 图 1　复位弹簧拆卸 (2) 拆除上导电臂内顶杆下端的不锈钢滚轮,拆除顶杆的导向滑动法兰,敲出法兰上的销子,不锈钢滚轮无严重磨损;拆开滑动法兰内开口滑动导向套	(1) 复位弹簧应不锈蚀、变形,导向滑动套无压痕 (2) 更换销子两端的开口销,弹簧无开裂、变形 (3) 导电接触面清理干净 (4) 轴销无锈蚀、开裂,变形防尘密封圈老化、开裂均更换 (5) 对有拆卸的零部件进行清洗,并用百洁布擦净所有镀银层,镀银层表面光洁、镀银层有剥落、烧伤或磨损凹槽应更换,各活动关节、轴销、弹簧应涂合适的二硫化钼润滑脂 (6) 组装时,顺序相反,动触头部分的调整尺寸应符合要求,所有螺栓紧固

检 修 工 艺	质 量 标 准
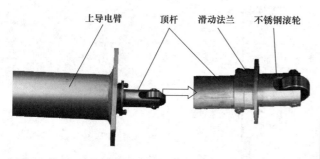 图2 顶杆、滚轮拆卸 　(3) 先拆掉动触指上腰形孔处轴销,再拆除动触头上所有轴销;分别取出触指、触指弹簧、弹簧绝缘隔件、弹簧托架 　(4) 取出上导电臂上端内防尘密封圈,拆除与触指连接的导向件及触指转动处的复合轴套	(1) 复位弹簧应不锈蚀、变形,导向滑动套无压痕 　(2) 更换销子两端的开口销,弹簧无开裂、变形 　(3) 导电接触面清理干净 　(4) 轴销无锈蚀、开裂,变形防尘密封圈老化、开裂均更换 　(5) 对有拆卸的零部件进行清洗,并用百洁布擦净所有镀银层,镀银层表面光洁、镀银层有剥落、烧伤或磨损凹槽应更换,各活动关节、轴销、弹簧应涂合适的二硫化钼润滑脂 　(6) 组装时,顺序相反,动触头部分的调整尺寸应符合要求,所有螺栓紧固
3. 下导电臂解体 　(1) 拆掉压平衡弹簧的顶管,取出平衡弹簧 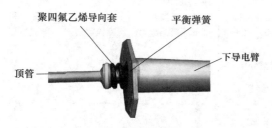 图3 平衡弹簧拆卸 　(2) 拆除下导电臂与齿轮箱连接螺栓,从下导电管上部抽出与齿轮箱连在一起的拉杆 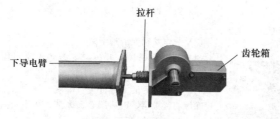 图4 齿轮箱拆卸 　(3) 拆开连接两半齿轮箱的3只M8长螺栓,拆开齿轮箱(齿条顶端与齿轮上工艺小孔错位8个齿),取出齿轮箱内齿轮,并抽出齿条,取出压齿条的滚动套及转动轴销,取出齿轮箱转动处的复合轴套	(1) 齿条平直,无变形、断齿等。滚动套无压痕,套内轴销未磨损,齿轮箱无裂纹,压平衡弹簧顶管上的聚四氟乙烯导向套无老化、磨损现象 　(2) 对所有拆卸的零部件进行清洗,轴销、弹簧应涂合适的二硫化钼润滑脂 　(3) 按拆卸时的逆顺序复装下导电臂,注意齿轮与齿条的位置关系,两齿轮箱贴合面涂玻璃胶

检 修 工 艺	质 量 标 准
 图 5 滚动轮拆卸	（1）齿条平直，无变形、断齿等。滚动套无压痕，套内轴套未磨损，齿轮箱无裂纹，压平衡弹簧顶管上的聚四氟乙烯导向套无老化、磨损现象 （2）对所有拆卸的零部件进行清洗，轴销、弹簧应涂合适的二硫化钼润滑脂 （3）按拆卸时的逆顺序复装下导电臂，注意齿轮与齿条的位置关系，两齿轮箱贴合面涂玻璃胶
4.导电底座解体 （1）拆除拉杆两端关节轴承与主、从动拐臂连接处螺栓 （2）拆掉主传动拐臂与操作法兰盘，拆开主操作拐臂与法兰盘上连接销，取出主操作转动支架，取出操作支架内的无油自润滑轴承 （3）将导电铝角材与两端接线端子拆离，取出传动支架，拆掉支架两边挡板，用铜棒敲出主转轴，取下二端轴承及衬套，取下从动拐臂及从动拐臂孔内的复合轴套	对所有拆卸的零部件进行清洗，关节轴承、轴销、轴套应涂合适的二硫化钼润滑脂，轴套外圈应涂厌氧胶与孔配合装配；按拆卸时的逆顺序复装导电底座
5.静触头解体 （1）拆卸静触头组件与管母线或软母线连接的金具，吊下静触头组件 （2）拆除钢丝绳及金具与主触头连接的铝绞线 （3）拧松主触头两端导电夹的固定螺栓，取下主触头	（1）清洗零部件，清理各接触面，不应有氧化层，用百洁布清擦主触头镀银层 （2）表面光洁、镀银层有剥落、烧伤或磨损凹槽应更换 （3）钢丝绳有断股或锈蚀时应更换 （4）组装时，顺序相反，所有接触连接处清理干净后涂导电脂，螺栓紧固

5. 底座部分检修（见表 2-22）

表 2-22 　　　　　　　　　 GW22B-252 型高压隔离开关底座部分维修

检 修 工 艺	质 量 标 准
（1）拆除与主操作轴连接的连锁板，从上部拔出转动主轴进行清洗，检查转动主轴不应严重磨损，锈蚀应更换 （2）拆开主轴上传动销，检查是否有压痕，锈蚀应更换 （3）检查底座大弯板上转动轴套是否有磨损，并清理干净	（1）检查拉杆是否弯曲，如有应调直，拉杆转动接头处轴套应无磨损，并清洗干净 （2）转动铜套检查是否磨损、变形，若有应更换；组装时，顺序相反，轴承、轴加二硫化钼润滑脂，螺栓紧固

续表

检 修 工 艺	质 量 标 准

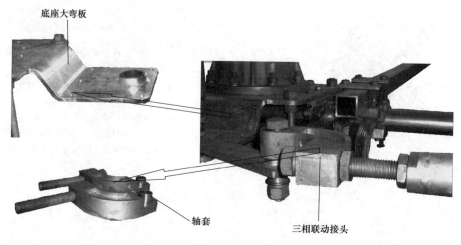

图 1　底座

6. 接地部分检修（见表 2 - 23）

表 2 - 23　　　　　　　GW22B - 252 型高压隔离开关接地部分检修

检 修 工 艺	质 量 标 准
（1）拆去接地开关导电管的紧固夹件、紧固夹件与接地开关转轴的紧固螺栓、接地软导线的连接螺栓，取下接地开关导电臂 （2）拆去接地开关导电管和 L 形动触头的 2 个 M12 连接螺栓，将动触头上触指分解后，进行检查清洗，接触面无烧伤痕迹	组装时，顺序相反，导电臂与动触头接触处涂导电脂，接地软连线无断股，两端接触面不应氧化，清擦后涂导电脂，所有连接螺栓应紧固
（1）从主闸刀静触头座上拆下连接接地开关静触头的两个固定螺栓，取下静触头 （2）拧松静触头夹紧螺栓，拆下静触头及电晕帽	（1）清洗、检查拆卸的零件，电晕帽应完好、无变形，静触头应光洁 （2）组装时，顺序相反，固定接触面涂导电脂，静触头涂导电脂，螺栓紧固
（1）拆除接地开关主动操作拐臂与从动拐臂之间的拉杆，松开平衡弹簧的夹件，从接地开关转轴上抽出平衡弹簧，松开转轴上防轴向窜动定位的止紧螺钉，抽出接地开关转动转管，取出转管转动复合轴套 （2）拆除底座上平行四连杆传动销，拆除与接地开关操作轴连接的连锁板及连动拐臂，从上部拔出转动主轴进行清洗，检查转动主轴不应严重磨损，锈蚀应更换	（1）检查底座大弯板上转动轴套是否有磨损，并清理干净 （2）检查拉杆是否弯曲，如有应调直，拉杆转动接头处轴套应无磨损，并清洗干净，转动套检查是否磨损、变形，若有应更换 （3）组装时，顺序相反，轴承、轴加涂二硫化钼润滑脂，螺栓紧固

7. 操动机构检修（见表 2 - 24）

表 2 - 24　　　　　　　**GW22B - 252 型高压隔离开关的操动机构检修**

检 修 工 艺	质 量 标 准
1. SRCJ3 型电动操动机构检修 图 1　SRCJ3 型电动操动机构总装图 （1）如图 1 所示，打开正门及侧门，记下电缆进线及用于外部连锁等功能的端子编号，松开接线点，并作标记 （2）用木槌敲打销，取下法兰及密圈 （3）取下闭锁装置 （4）打开电动机上的接线盒，记下接线编号，拆开电源线 （5）取下限位开关（分闸限位及合闸限位用），检查其动作是否灵活，底座是否有裂纹。止挡是否有裂纹、严重磨损、变形现象。检查机械定位是否断裂，弹簧是否严重变形 （6）取下接线座，将二次元件与机构箱分离 （7）拆下辅助开关及配套接线端子排 （8）拆下电动机	（1）密封圈应更换为新品 （2）确保复装时接线正确 （3）限位开关动作灵活可靠，底座完好，否则更换 （4）止挡及定位件应完好无损，否则更换 （5）避免二次元件损坏
2. 二次元件检修 （1）检查小型断路器分、合是否可靠 （2）检查限位开关动作是否可靠 （3）检查转换开关近、远、手动是否准确可靠，辅助开关是否灵活 （4）检查接触器的动作情况，用汽油对触指进行清洗，用 1000V 绝缘电阻表测量线圈的绝缘情况 （5）检查两个端子排的锈蚀及接触情况，并用 1000V 绝缘电阻表测量端子及二次回路的绝缘情况 （6）检查机构箱门的密封情况及电缆进线孔的密封情况 （7）各电气元件接点接线可靠，不得松动 （8）检查加热器是否完好，通电是否加热	（1）小型断路器动作应可靠 （2）行程开关动作可靠 （3）分、合闸切换及信号可靠。转换开关打在手动时，控制回路带电，手动闭锁能随意拉出 （4）触点接触可靠。线圈绝缘电阻不小于 $2M\Omega$ （5）接触可靠，无锈蚀及烧伤痕迹，二次线的绝缘电阻不小于 $2M\Omega$ （6）密封严密，防止灰尘及其他异物进入 （7）将各螺钉拧紧 （8）如不能加热，更换加热器
3. 电机检修 （1）拆下电动机 （2）试验电动机的运转情况，转子与定子间隙应均匀	（1）转子和定子应无卡阻现象 （2）轴承无锈蚀、无严重磨损，否则应更换 （3）绝缘电阻不小于 $0.5M\Omega$

续表

检 修 工 艺	质 量 标 准
（3）拆下电动机端盖，检查并清理轴承 （4）用1000V绝缘电阻表测量电动机绝缘电阻 （5）检查接线端子并予以紧固	（4）接线端子螺栓无锈蚀、接触良好

8. 安装与调整（见表2-25）

表 2-25　　　　　　　　　GW22B-252型高压隔离开关安装与调整

检 修 工 艺	质 量 标 准
1. 隔离开关的安装与调整 （1）固定底座，使底座上绝缘子安装面到基础安装面距离为140mm±10mm，同时校验上平面在两个方向上的水平 （2）用C形垫片放置在绝缘子的法兰的连接螺栓间，校正带电部分底座水平 （3）主闸刀主动相及操动机构在分闸位置时，连上垂直操作杆，去除捆绑带，手动分、合闸，在分合闸位置定位均有1~3mm间隙 （4）根据三相底座操作绝缘子中心距来确定三相连杆的中心距，并连接 （5）手动合闸，上导电臂应垂直，下导电臂与垂线形成夹角3°~5°，导电底座上主动拐臂应过死点 （6）下导电主拐臂过死点3°~5°调整方法：可拧松导电底座拉杆的两端拼帽，调节连杆（正反牙），放长螺纹使下半臂与垂线形成连死点的夹角变大；反之，夹角变小。调节后应紧固拼帽后才可进行分、合闸。如果下导电臂角度有偏差，可松开主动拐臂与拉杆接头连接螺栓，将接头中心向外拉，角度变大；反之，角度变小 （7）上导电臂不垂直调整：可拧松下导电臂内与齿条连接拉杆与转动轴拧紧螺母，调节拉杆下端螺纹出头长度，调节后应紧固拼帽后才可进行分、合闸操作 2. 接地开关的安装及三相联动调整 （1）安装时分别把接地开关的从动拐臂、导电管、挡圈、平衡弹簧及定位件套到管子上，再用连接管接头把两根管连接起来。为了减少操作力矩和提高合闸动作的一致性，确保分合闸操作轻松灵活，在两个边相上安装好平衡力矩的扭簧，扭簧安装时要有一些预变形量 （2）在接地开关置于分闸位置，操动机构也置于分闸位置时，连接接地开关的从动拐臂。在隔离开关置于分闸位置时，手动分合闸接地开关，当接地开关在合闸状态下，应确认静触头在动触头下方露出。当接地开关合不到位时，可调整从动拐臂与水平方向的夹角，使之略小于35°，必要时可松开从动拐臂螺栓，调整拐臂中心距以达到分合闸位置正确。如果操作力过大，可以适当调整平衡弹簧，如分闸时咬死，分不开，可通过调整垫片减小动触头夹紧力 （3）操作隔离开关和接地开关时，应注意机械连锁的动作情况。任何错误的操作都可能损伤连锁部件或操动机构 （4）在隔离开关处于分闸位置时，手动分、合闸三相联动的接地开关。进行适当调整，使三相接地开关分、合闸动作同步一致。最后将接地开关软连接固定到隔离开关基座上的接地端子上	（1）主闸刀合闸终止时，导电主操作拐臂应过死点，静触头应被抬起20~250mm（视环境温度），可调整钢丝绳的长度来实现 （2）静触头与动触指接触间隙保证0.05mm的塞尺不通过 （3）合闸时，合闸位置机构箱顶部的指示箭头应对准法兰盘上"合"；分闸时，分闸位置机构箱顶部的指示箭头应对准法兰盘上"分" （4）所有螺栓必须参照6.8级的力矩标准要求进行紧固 （5）将机构位置开关放在近控挡，电动合、分闸操作各类调整值最终以电动为准 （6）测量主回路电阻（20℃时）：应不大于技术参数表中数值（允许误差±20%） （7）测量主闸刀合闸后每对动触片对静触杆的夹紧力： F（2000A）≥400N F（2500A/3150A）≥600N F（4000A）≥750N （8）接地开关在合闸状态下，应确认静触头在动触头下方露出10~15mm （9）隔离开关和接地开关机械连锁正确 （10）合闸接触可靠，分闸位置三相接地开关导电管基本水平（或按产品说明书的要求调整）

9. 隔离开关导电回路电阻的测量（见表 2 - 26）

表 2 - 26 　　　　　　　　 GW22B - 252 型高压隔离开关导电回路电阻的测量

实训模块	项目	内容及工艺标准
隔离开关导电回路电阻的测量	（1）采用直流压降法进行接线	电压线接在内侧，电流线接在外侧
	（2）用直流电阻测试仪进行测量	测量主闸刀回路电阻（$\mu\Omega$）（±20%） 2000A：160；2500A：120；3150A：100；4000A：90

10. 验收项目和质量标准（见表 2 - 27）

表 2 - 27 　　　　　　　　 GW22B - 252 型高压隔离开关验收项目和质量标准

序号	工序	验收项目	质量标准	验收结果（√或×）
1	底座安装	外观检查	无机械损伤	
2		底座与基础连接	牢固	
3		水平误差	≤10mm	
4		相间中心距离误差	≤20mm	
5		操作轴转动检查	转动灵活无卡阻	
6	绝缘子安装	外观检查	转动灵活无卡阻	
7		瓷铁胶合处检查	清洁无裂纹	
8		瓷柱与底座平面	粘接牢固	
9		同相各瓷柱中心线	垂直	
10	导电部位	载流体表面	清洁、无凹陷、锈蚀	
11		可挠软连接检查	连接可靠，无折损	
12		连接端子检查	清洁、平整，并涂导电膏	
13		触头表面镀银层	完整，无脱落	
14		静触头固定	与母线连接固定	
15		均压环检查	清洁，无损伤、变形	
16		静触头与动触头表面平滑，并涂以薄层中性凡士林	合闸位置时，静触头与动触头接触，用 0.05mm×10mm 的塞尺检查应塞不进去	
17		测量主闸刀合闸后触指压力值	F（2000A）≥400N F（2500A/3150A）≥600N F（4000A）≥750N	
18		测量主闸刀回路电阻（$\mu\Omega$）（±20%）	测量主闸刀回路电阻（$\mu\Omega$）（±20%） 2000A：160；2500A：120；3150A：100；4000A：90	
19	传动装置	传动部分连接部位销子、螺栓	不松动	
20		传动部分部件安装	连接正确，固定牢靠	
21		定位螺钉调整	固定可靠	

序号	工序	验收项目	质量标准	验收结果（√或×）
22	操动机构安装	机构箱固定	牢固	
23		零部件检查	齐全，无损伤	
24		辅助开关检查	动作可靠，触点接触良好	
25		电气闭锁装置动作检查	正确、灵活，可靠	
26		接地开关与主触头间机械或电气闭锁	准确，可靠	
27		限位装置动作检查	在分、合闸相限位置可靠切除电源	
28		蜗轮、蜗杆动作检查	准确可靠，轻便灵活	
29		手动机构在分合闸位置	分合闸指示正确	
30		手动机构在分合闸位置	分合闸指示正确	
31		电动机构电气回路绝缘电阻	≥2MΩ	
32		电动机绝缘电阻	≥1MΩ	
33		电动机转动检查	正常	
34		机构箱密封垫检查	完整	
35	隔离开关调整	主闸刀合闸终止时，导电主操作拐臂位置	主闸刀合闸终止时，导电主操作拐臂应过死点	
36		主闸刀合闸终止时静触头位置	主闸刀合闸终止时，静触头应被抬起 20～250mm（视环境温度）	
37		合闸位置，导电臂状态	合闸位置，上导电臂应垂直，下导电臂与垂线形成夹角3°～5°	
38		三相合闸不同期允许值	≤20mm	
39		分合闸止钉	分合闸到位后，分合闸止钉应留有1～3mm的间隙	
40		检查接地开关动触头与静触头接触位置	合闸时，接地开关动触头与静触头应对中心，可改变各自动臂与水平连杆的夹件的夹紧位置	
41		检查接地开关动静触头的接触情况	合闸位置时，静触头下端外露尺寸应为10～15mm	
42		检查接地开关机构定位	分闸终了位置时，接地开关管与定位件接触；分、合闸终了时，电磁锁应轻松正确进入闭锁孔内，且无卡涩现象	
43		电动操作试验	动作平稳，无卡阻、冲击	
44	接地	底座接地	牢固，导通良好	
45		机构箱接地	牢固，导通良好	
46	其他	所有转动部位检查	涂润滑脂	
47		防松件检查	防松螺母紧固，开口销开口	
48		机构箱孔洞处理	封堵密封良好	

11. 高压隔离开关常见故障及处理（见表 2 - 28）

表 2 - 28 　　　　　　　　　GW22B - 252 型高压隔离开关常见故障及处理

	故障类型	可能引起的原因	判断标准和检查方法	处理
底座传动部位	连锁失效，造成误操作	接地开关转轴支承板位移，导致主接地开关机械连锁失效	支承板中心与操作绝缘子中心的距离不小于标准要求	调整后重新夹紧
	三相连动杆弯曲	产品上定位卡住，导电部位传动拐臂与操作绝缘子传动拐臂不同步	合闸时三相导电部位主拐臂是否在同一位置	松操作绝缘子，通过间隙来调整
	主闸刀合闸终止时，导电主操作拐臂位置	夹件打滑、转动动部分锈蚀或阻力增大	主闸刀合闸终止时，导电主操作拐臂应过死点	紧固螺栓，更换锈蚀零部件，转动配合部位加二硫化钼润滑脂
	分合闸不到位	夹件打滑、转动动部分锈蚀或阻力增大	合闸位置，上导电臂应垂直，下导电臂与垂线形成 3°～5°夹角	紧固螺栓，更换锈蚀零部件，调整主操作拉杆，转动配合部位加二硫化钼润滑脂
上导电部位	触头触指过热	接触面氧化、污物多或有电弧烧伤痕迹，接触电阻大	清理或修复接触面，使其露出镀银层光泽	用百洁布擦拭或更换
		弹簧失效，触头接触压力低	检查弹簧是否锈蚀、变形，测量触指压力 $F(2000A) \geqslant 400N$ $F(2500A/3150A) \geqslant 600N$ $F(4000A) \geqslant 750N$	更换弹簧，按说明书要求调整压力
		触指两边接触压力不等，或有触指不接触	用 0.05mm 塞尺检测保证塞不进	调整触头触指接触位置
	回路电阻增大，导电固定接触部位过热	螺栓松动，接触面氧化	检查接触面有无氧化现象，测量接触电阻应不超过规定值	用百洁布擦拭接触面，紧固螺栓
其他	隔离开关拒动	控制电源未送	用万用表测量电源电压	送上控制电源
		远方/就地开关在就地位置或接点不导通	先检查远方/就地开关位置，再测量接点	切换至远方或更换开关
		分合闸回路有元器件损坏	按说明书或箱门上的电气图检查电路	查出故障元件并更换
	分合闸指示信号不正确	辅助开关不切换或接线松脱	机构转动而辅助开关不切换，先检查拨动接头固定螺栓是否松动，再查辅助开关是否损坏	紧固螺栓或更换辅助开关

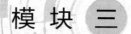

模 块 三

高压开关柜的运行与调试

项目一 高压开关柜的技术参数

高压开关柜又称为成套开关或成套配电装置，它是以断路器为主的成套电气设备，通常是生产厂家根据电气主接线图的要求，将控制电器（即断路器、隔离开关、负荷开关、自动开关等）、保护电器（即熔断器、继电器、避雷器等）和测量电器（即电流互感器、电压互感器、测量仪表等）及母线、载流导体、绝缘子等，按照一定的线路，装配在封闭的或敞开的金属柜体内，作为供电系统中接受和分配电能的装置。

一、高压开关柜的特点

（1）开关柜有多种一、二次接线方案，实现电能汇集、分配、计量和保护功能。每个开关柜的主回路和控制回路有确定的一、二次接线方案。

（2）开关柜具备完善的"五防"功能，实现防止误分误合断路器、防止带电分合隔离开关、防止带电合接地开关、防止带接地分合断路器、防止误入带电间隔。

（3）开关柜具有接地的金属外壳，外壳有支撑和防护作用。柜体具有足够的机械强度和刚度，当柜内发故障时，不会出现变形损坏。金属外壳具有防止人体接近带电部分和触及运动部件，防止外界因素对内部设施造成影响，以及防止设备受到意外冲击的功能。

（4）开关柜具有抑制内部故障的功能。内部故障是指开关柜内部电弧短路引起的故障，一旦发生内部故障要求把电弧故障限制在隔室以内。

二、高压开关柜的分类及型号

1. 高压开关柜的分类

（1）开关柜按主开关的安装方式分为移开式（手车式）和固定式。

1）移开式开关柜内的主要电气元件安装在可抽出的手车上，手车柜有很好的互换性，可以提高供电可靠性。常用的手车有隔离手车、计量手车、断路器手车、电压互感器手车、电容器手车和所用变手车等。手车柜按断路器的放置形式不同分为落地式和中置式，如KYN28A-12型等。

2）固定式开关柜内所有的电气元件采用固定式安装，柜体结构简单，经济性好，如XGN2-10型、GG-1A型等。

（2）开关柜按柜体结构不同可分为金属封闭铠装式开关柜、金属封闭间隔式开关柜、金属封闭箱式开关柜和敞开式开关柜。

1）金属封闭铠装式开关柜主要组成部件分别装在接地的、用金属隔板隔开的隔室中，如 KYN28A－12 型高压开关柜。

2）金属封闭间隔式开关柜与金属封闭铠装式开关柜设备相似，其主要电气元件也分别装于单独的隔室内，但具有一个或多个符合一定防护等级的非金属隔板，如 JYN2－12 型高压开关柜。

3）金属封闭箱式开关柜具有封闭的金属外壳，但隔室数目少于铠装式、间隔式，如 XGN2－12 型高压开关柜。

4）敞开式开关柜是指外壳有部分是敞开的开关设备，如 GG－1A（F）形高压开关柜。

（3）开关柜按安装地点分为户内开关柜和户外开关柜。

1）户内开关柜只能在户内安装使用，如 KYN28A－12 型等。

2）户外开关柜可以在户外安装使用，如 XLW 型等。

2. 高压开关柜的型号

高压开关柜的型号如下：

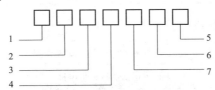

其中，1 代表隔室结构，铠装型为 K，间隔型为 J，箱型为 X；2 代表主开关安装方式，固定式为 G，移开式为 Y；3 代表安装场所，户内式为 N；4 代表设计序号；5 代表断路器配用操动机构，电磁式为 D；弹簧式为 T；6 代表额定电压（kV）；7 代表次接线方案编号。

3. 高压开关柜型号解读

例如，KYN28A－12（Z）/T1250－31.5。其中，K 代表铠装式交流金属封闭开关设备；Y 代表移开式；N 代表户内；28 代表设计序号；A 代表改进顺序号；12 代表额定电压（12kV）；（Z）代表配真空断路器；T 代表采用弹簧操动机构；1250 代表额定电流（1250A）；31.5 代表额定短路开断电流（31.5kA）。

再如，XGN15－12（F.R）/T100－31.5。其中，X 代表箱式交流金属封闭开关设备；G 代表固定式；N 代表户内；15 代表设计序号；12 代表额定电压（12kV）；（F.R）代表配负荷开关＋熔断器组合；T 代表采用弹簧操动机构；100 代表额定电流（100A）；31.5 代表额定短路开断电流（31.5kA）（通过熔断器实现）。

4. 高压开关柜的额定值（见表 3－1）

表 3－1　　　　　　　　　　高压开关柜的额定值

序号	名称	单位	参　数　说　明
1	额定电压	kV	额定电压是开关设备所在系统的最高电压。高压开关柜常用额定电压有 12、40.5kV
2	额定绝缘水平	kV	额定绝缘水平反映开关设备承受的额定短时工频耐受电压和额定雷电冲击耐受电压
3	额定电流	A	额定电流是开关设备在规定的使用和性能条件下能持续通过电流的有效值，如 630、1250、1600A 等

序号	名称	单位	参 数 说 明
4	额定频率	Hz	50
5	额定短时耐受电流	kA	额定短时耐受电流是在规定的使用和性能条件下，在规定的短时间内，开关设备和控制设备在合闸状态下能够承载短路电流的有效值，如25、31.5、40kA等
6	额定短路持续时间	s	额定短时持续时间是开关设备在合闸状态下能够承载额定短时耐受电流的时间间隔。72.5kV及以下的开关设备和控制设备的额定短路持续时间为4s
7	额定峰值耐受电流	kA	额定峰值耐受电流在规定的使用和性能条件下，开关设备在合闸状态下能承载的额定短时耐受电流的第一个大半波的电流峰值，如63、80、100kA等
8	控制回路额定电压	V	控制回路额定电压包括合闸和分闸装置及其辅助和控制回路的额定电源电压。高压开关柜常用控制回路电压有DC 110、220V，AC 220V

5. 高压开关柜外壳防护等级（见表 3-2）

表 3-2   高压开关柜外壳防护等级含义

防护等级	能防止物体接近带电部分和触及运动部分
IP2×	能阻挡手指或直径大于12mm、长度不超过80mm的物体进入
IP3×	能阻挡直径或厚度大于2.5mm的工具、金属丝等物体进入
IP4×	能阻挡直径大于1.0mm的金属丝或厚度大于1.0mm的窄条等物体进入
IP5×	能防止影响设备安全运行的大量尘埃进入，但不能完全防止一般灰尘进入

三、高压开关柜的技术参数（见表 3-3）

表 3-3   高压开关柜的技术参数

项 目		单位	数 据
	额定电压	kV	12
额定绝缘水平	1min工频耐压（相间、对地/断口）	kV	42/48
	雷击冲击耐压（相间、对地/断口）	kV	75/85
	额定频率	Hz	50
	额定电流	A	630～3150
	主母线额定电流	A	1250、1600、2000、2500、3150
	分支母线额定电流	A	630、1250、1600、2000、2500、3150
	额定短时耐受电流（4s）	kA	16、20、25、31.5、40、50
	额定峰值耐受电流	kA	40、50、63、80、100、125
	防护等级		外壳IP4×，断路器室门打开为IP2×
	外形尺寸（宽×深×高）	mm×mm×mm	800（1000）×1300（1500）×2200
	质量	kg	800～1200

项目二　高压开关柜的结构和工作原理

一、高压开关柜的基本结构

高压开关柜由柜体和断路器两大部分组成，具有架空进出线、电缆进出线、母线联络等功能。柜体由壳体、电气元件（包括绝缘件）、各种机构、二次端子及连线等组成。

（1）柜体材料：一般采用冷轧钢板或角钢、敷铝锌钢板或镀锌钢板、不导磁的不锈钢板、不导磁的铝板。冷轧钢板或角钢用于焊接柜；敷铝锌钢板或镀锌钢板用于组装柜。

（2）柜体功能单元：母线室、断路器室、电缆室、继电器和仪表室、柜顶小母线室、二次端子室。母线室主母线的布置采用"品"字形或"1"字形两种结构。

（3）开关柜内常用的电气一次设备：

1）高压开关设备。高压开关设备包括高压断路器、隔离开关、接地开关、高压负荷开关和熔断器的组合电器、F-C 回路等。高压断路器采用 VS 系列真空断路器，配弹簧机构；固定式开关柜采用 GN 系列户内隔离开关；接地开关采用 JN 系列；高压负荷开关和熔断器的组合电器包括一组三极负荷开关以及配有撞击器的三只熔断器，任何一个撞击器动作都会引起负荷开关三极自动分闸。负荷开关选用 FN 系列，按灭弧方式不同，负荷开关分为产气式、压气式、六氟化硫和真空负荷开关等。熔断器选用 RXN 系列限流熔断器；F-C 回路由高压限流熔断器和高压真空接触器组成，适用于频繁启动的高压电动机的保护与控制，在发电厂的厂用电系统使用广泛。

2）互感器。采用电磁式电流、电压互感器。电流互感器选用 LZZBJ9 系列，变比为 100/5、200/1、2000/5，复合变比为 100～200/5、200～400/5；准确度等级为 0.5/10P10、0.2/0.5/10P20、0.5/5P10/5P10；其中测量级为 0.2S、0.2、0.5S、0.5（S 扩大测量范围），保护级为 5P、10P，分别表示在规定的使用条件下，绕组的复合误差不超过 5% 和 10%。例如，5P10 表示当一次过流 10 倍时，该绕组的复合误差 <±5%。接线方式选用单相式接线、两相不完全星形接线、三相式完全星形接线。

电压互感器选用 JDZ（X）10 系列，二次电压为 100V，一次电压根据系统电压确定。例如，JDZ10-10 为 10/0.1、10/0.1/0.1（V 形接法），JDZX10-10 为 $10/\sqrt{3}/0.1/\sqrt{3}/0.1/3$（星形和开口三角形接法），准确度等级中测量级为 0.2、0.5S、0.5（S 扩大测量范围），保护级为 3P、6P，P 表示级数。

零序电流互感器选用 LXK 系列，用于接地故障的保护。正常情况下，三相电流相量和等于零，零序电流互感器二次绕组无信号。当发生接地故障或三相电流不平衡时，三相电流相量和不等于零，零序电流互感器二次侧输出信号，带保护元件动作，切断电源，达到接地故障保护目的。

3）避雷器（阻容吸收器）。避雷器（阻容吸收器）用来防御过电压。避雷器选用 HY5W 系列。

避雷器根据使用场所不同分为配电型（S）、电站型（Z）、电机型（D）、电容器型（R）。配电型（S）用于使开关柜、变压器、箱式变压器、电缆头等有关配电设备免受大气和操作过电压损坏；电站型（Z）用于使发电厂、变电站中交流电器设备免受大气过电压和操作过电压的损坏；电机型（D）用来限制真空断路器投切旋转电机时产生的过电压，保护旋转电机免受操作过电压的损坏；电容器型（R）用来抑制真空断路器操作电容器组产生的过电压，保护电容器组免受操作过电压的损坏。其中 S 型常用于 10kV 配电线路（出线），Z 型常用于母线设备和主变 10kV 侧（进线）。

阻容吸收器（RC 保护器）是将高压电容器和专用无感线性电阻串联后接入电网的一种吸收过电压的有效设备，用于吸收真空断路器、真空接触器在开断感性负载时产生的操作过电压，同时具有吸收大气过电压及其他形式的暂态冲击过电压的功能。

为了防止操作过电压，通行的做法是在靠近断路器或接触器的位置安装氧化锌避雷器（MOA）或阻容吸收器进行冲击保护。氧化锌产品的优点是能量吸收能力强，可以用于防雷电等大电流冲击；阻容吸收器的优点是起始工作电压低，可有效吸收小电流冲击对设备的影响。

4）母线及绝缘件。母线分为主母线和分支母线。绝缘件包括穿墙套管、触头盒、绝缘子、绝缘热缩冷缩护套等。

5）高压带电显示装置。高压带电显示装置用来提示带电状况和强制闭锁开关柜网门。常采用 DXN 系列高压带电显示装置，其由传感器和显示器组成，可以与各种类型高压开关柜、隔离开关、接地开关等配套使用。显示器分为提示型显示器、强制型显示器、带核相型显示器。提示型显示器用于提示高压回路的带电状况，起防误与安全的提示作用。强制型显示器除具有提示型显示器的功能外，还可与电磁锁配合实现强制闭锁开关柜操作手柄及网门，实现防止带电合接地开关，防止误入带电间隔功能；带核相型显示器的显示器面板设置了相位测试端，方便现场双电源核相。

6）并联电容器成套装置。并联电容器成套装置包括电容器、电抗器、放电线圈、熔断器、避雷器、母线等。熔断器与电容器串联，当该电容器内部有部分串联段击穿时，熔断器动作，将该台故障电容器迅速从电容器组切除，有效防止故障扩大。放电线圈并联在电容器回路，当电容组从电源退出运行后，能使电容器上的剩余电压在很短时间内自额定电压峰值降至安全电压以下。氧化锌避雷器并接在线路上，以限制投切电容器组所引起的操作过电压。串联电抗器串接在电容器回路中，以限制投切电容器组中的高次谐波，降低合闸涌流。

（4）开关柜内常用的电气二次设备。其指对一次设备进行监察、控制、测量、调整和保护的低压设备。常用二次设备有继电器、电能表、电流表、电压表、功率表、功率因数表、低压熔断器、低压断路器、各种转换开关、信号灯、按钮、微机综合保护装置等。

二、高压开关柜的工作原理

KYN28A-12 型户内金属铠装式开关设备主要用于发电厂、工矿企事业配电，以及电力系统的二次变电站的受电、送电及大型电动机的启动等，实行控制、保护、实时监控和测量之用，有完善的"五防"功能，配用 VS1 型真空断路器，目前使用广泛。

下面以 KYN28A-12 型开关柜为例介绍其工作原理及防止误操作的连锁防护功能。

KYN28A-12 型金属铠装高压开关柜由柜体和可抽出部件（中置式手车）两部分组成。柜体分成手车室、母线室、电缆室、低压室。三个高压隔室均设有各自的压力释放通道及释放口，具有架空进出线、电缆进出线及其他功能方案。开关柜分为靠墙安装和不靠墙安装两类，靠墙安装可节省配电间的占地面积。

KYN28A-12 型高压开关柜结构示意图如图 3-1 所示。

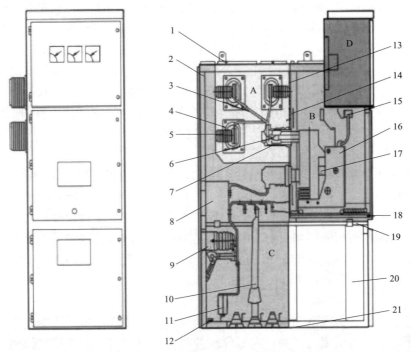

图 3-1　KYN28A-12 型高压开关柜结构示意图

A—母线室；B—手车室；C—电缆室；D—低压室；1—泄压装置；2—外壳；3—分支母线；4—母线套管；5—主母线；
6—静触头装置；7—静触头盒；8—电流互感器；9—接地开关；10—电缆；11—避雷器；12—接地母线；
13—装卸式隔板；14—隔板（活门）；15—二次插头；16—断路器手车；17—加热除湿器；
18—可抽去式隔板；19—接地开关操动机构；20—控制小线槽；21—底板

1. 手车

手车分为断路器手车、电压互感器手车、计量手车及隔离手车等。手车在柜内有工作位置和试验位置的定位机构。

手车的移动借助于转运车实现。转运车高度可以调整，用转运车接轨与柜体导轨衔接时，手车方能从转运车推入手车室内或从手车室内接至转运车上。为保护手车的平稳推入与退出，转运车与柜体间分别设置了左右两个导向杆和中间锁杆，位置一一对应。在手车欲推入或退出时，转运车必须先推至柜前，分别调节四个手轮的高度，使托盘接轨的高度与柜体手车导轨高度一致；并将托盘前的左右两个导向杆与中间锁杆分别插入柜体左右侧导向孔和中间锁孔内，锁钩靠拉簧的作用将自动钩住柜体中隔板，转运车即与柜体连在一起，即可进行手车的推入与退出工作。

手车推入时，先用手向内侧拨动锁杆与手车托盘解锁，接着将断路器手车直接推入断路器小室内，松开双手并锁定在试验/断开位置，此时可对手车进行推入操作。插入手把，即可摇动手车至工作位置。手车到工作位置后，推进手柄即摇不动，同时伴随有锁定响动声，其对应位置指示灯也同时指示其所在位置。当断路器手车在从试验位置摇至工作位置或从工作位置退至试验位置过程中，断路器始终处于分闸状态。

2. 隔室

断路器隔室两侧安装了轨道，供手车在柜内由隔离位置移动至工作位置。静触头盒的隔板安装在手车室的后壁上，当手车从断开位置移动到工作位置过程中，上、下静触头盒上的活门与手车联动，同时自动打开；当反方向移动时活门则自动闭合，直至手车退至指定的位置完全覆盖住静触头盒，形成有效隔离，同时由于上、下活门不联动，在检修时，可锁定带电侧的活门从而保证检修维护人员不触及带电体。在断电器室门关闭时，手车同样能操作，通过门上观察窗，可以观察隔室内手车所处的位置，合、分闸显示，储能状况。

母线隔室的主母线作垂直立放布置，支母线通过螺栓直接与主母线和静触头盒连接，不需要其他中间支撑。母线穿越邻柜经穿墙绝缘套管，这样可以有效防止内部故障电弧的蔓延。为方便主母线安装，在母线室后部设置了可拆卸的封板。

电缆室空间较大，电流互感器直接装在手车室后隔板的位置上，接地开关装在电缆室后壁上，避雷器安装于隔室后下部。在电缆连接端，通常每相可并接 1～3 根单芯电缆，必要时可并接 6 根单芯电缆。电缆室封板为可拆卸式开缝的不导磁金属板，施工方便。

低压隔室用来安装继电保护装置、仪表等二次设备。控制线路敷设在线槽内，并有金属盖板，可使二次线与高压室隔离。其左侧线槽是为控制线路的引进和引出预留的，开关自身内部的线路敷设在右侧。在继电器仪表室的顶板上还留有便于施工的小母线穿越孔。接线时，仪表室顶盖板可供翻转，便于小母线的安装。

3. 泄压装置

在断路器手车室、母线室和电缆室的上方均设有泄压装置，当断路器或母线发生内部故障电弧时，伴随电弧的出现，开关柜内部气压升高，装设在门上的特殊密封圈把柜前面封闭起来，顶部装备的泄压金属板将被自动打开，释放压力和排泄气体，以确保操作人员和开关柜的安全。

4. 二次插头与手车的位置连锁

开关柜与断路器手车的二次线通过手动二次插头来实现联络。二次插头的动触头通过一个尼龙波纹伸缩管与断路器手车相连，二次静触头座装设在开关柜手车室的右上方。断路器手车只有在试验/断开位置时，才能插上和解除二次插头；断路器手车处于工作位置时由于机械连锁作用，二次插件被锁定，不能被解除。由于断路器手车的合闸机构被电磁铁锁定，所以断路器手车在二次插头未接通前仅能进行分闸，无法使其合闸。

5. 带电显示装置

开关柜内设有检查一次回路运行的带电显示装置。该装置由高压传感器和显示器两单元组成。该装置不但可以提示高压回路带电状况，还可以与电磁锁配合，防止了带电关合接地开关和防止误入带电间隔。

6. 防止误操作连锁装置

开关柜内设有安全可靠的连锁装置，不仅能满足"五防"要求，还能防止其他误操作。

（1）仪表室门上装有提示性的按钮或者 KK 形转换开关，以防止误合、误分断路器手车。

（2）断路器手车在试验或工作位置时，断路器才能进行合分操作，而且在断路器合闸后，手车无法移动，防止了带负荷误推拉断路器。

（3）当接地开关处在分闸位置时，断路器手车（断路器断开状态）才能从试验/断开位置移至工作位置。当断路器手车处于试验/断开位置时，接地开关才能进行合闸操作（接地开关可带电压显示装置）。这样可有效防止带电误合接地开关，以及防止接地开关处在闭合位置时移动断路器手车。

（4）接地开关处于分闸位置时，前下门及后门都无法打开，防止了误入带电间隔。

（5）装有电磁闭锁回路的断路器手车在试验或工作位置，而没有控制电压时，仅能手动分闸，但不能合闸。

（6）断路器手车在工作位置时，二次插头被锁定不能拔除。

（7）按使用要求各柜体间可装电气连锁及机械连锁。

三、VS1 型真空断路器的基本结构

VS1 型真空断路器结构如图 3-2 和图 3-3 所示。其操动机构为弹簧储能操动机构，由一台操动机构操作三相真空灭弧室。操动机构主要包括两个储能用拉伸弹簧、合闸储能装置、传力至各相灭弧室的连板、拐臂及分闸脱扣装置。此外，在框架前方还装有诸如储能电动机、脱扣器、辅助开关、控制设备、分合闸按钮、手动储能轴、储能状态指示牌、分合闸指示牌等部件。操动机构适用于自动重合闸的操作，并且由于电动机储能时间很短，同样也能够进行多次重合闸操作。

图 3-2 VS1 型真空断路器

图 3-3 断路器面板上的信号指示与控制设备

1—断路器操动机构外壳；1.1—面板；1.2—两侧的起吊孔；2—储能状态指示器；3—断路器分合位置指示器；
4—计数器；5—手动合闸按钮；6—手动分闸按钮；7—手动储能轴；8—铭牌

断路器在合闸位置时的主回路电流路径［见图 3-4］是：从上出线座 9 经固定在绝缘筒 10 上的灭弧室上支架到位于真空灭弧室 11 内部的静触头，而后经过动触头及导电夹到软连接，至下出线座 13。依靠绝缘拉杆 15 与触头弹簧 14 来完成断路器的操作运动。

视使用场所情况，可在绝缘筒上增装一个防尘盖（作为附加装置），这种设计有助于防

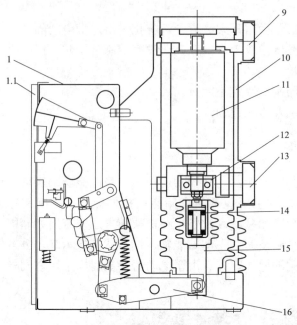

图 3-4　VS1 型真空断路器剖视图

1—断路器操动机构外壳；1.1—面板；9—上出线座；
10—绝缘筒；11—真空灭弧室；12—导电夹；
13—下出线座；14—触头弹簧；15—绝缘拉杆；
16—传动拐臂

止闪络的发生，并作为断路器内部污秽的附加保护。在实际使用当中，额定电流 1250A 及以下等级在运行时可不必去除，额定电流 1600A 及以上等级运行时则必须去除。

（1）断路器的操动机构和灭弧室分别布置在断路器的前后两面。操动机构和灭弧室共同布置在一个共用的框架上，使整个断路器有着很好的结构刚度和传动机械效率。这种整体性的布置使断路器能够具有稳定的机械特性和可靠的电气性能。操动机构弹簧有手动储能和电动机储能两种储能方式。

（2）断路器的主导电回路布置在后半部。真空灭弧室通过高绝缘性能的支撑绝缘子支撑在断路器的基架上，上下垂直布置，灭弧室的固定端朝下，动端朝上。操动机构和灭弧室之间的传动连接布置在断路器的下部。灭弧室的下部设置有独特的动导电杆变直机构，通过这个变直机构把操动机构输出给灭弧室的机械运动，变成沿着灭弧室动导电杆轴线方向的上下直线运动。为了确保灭弧室动导电杆的运动方向正确，在每一相的变直机构里都设置了专门的动导电杆的导向装置。

（3）断路器的弹簧储能式操动机构布置在断路器的前半部。操动机构设计成清晰的、独立布置的四个功能单元，即合闸功能单元、分闸功能单元、传动功能单元和辅助功能单元。

1）合闸功能单元的主体是一个机构箱。机构箱的输入部分是储能电动机和手动储能轴的轴端，电动机或手动驱动能够使断路器的合闸弹簧拉伸储能。机构箱的输出部分是驱动凸轮，当断路器的合闸电磁铁实现合闸指令时，电磁铁的动铁芯将使储能弹簧的保持机构解体，由储能弹簧带动驱动凸轮进行合闸操作。

2）分闸功能单元的主体是一个合闸保持机构。合闸保持机构的一端与断路器的传动主轴发生关系，通过这一关系实现断路器合闸状态的有效保持。合闸保持机构的另一端是一个脱扣机构，当断路器的分闸电磁铁执行分闸指令时，这个脱扣机构能够在分闸电磁铁铁芯的驱动下可靠地使合闸保持机构解体，完成断路器的分闸操作。

3）传动功能单元是断路器连接操动机构和灭弧室的传动部分，主要包括传动主轴、分闸弹簧、分闸缓冲器等结构件。传动功能单元负责把断路器操动机构的驱动输出传递给灭弧室的动导电杆，并且实现规定的机械特性参数。

4）辅助功能单元主要由分、合闸电磁铁，辅助开关，二次引出接线端子等部分组成，实现断路器操作所必需的与外部的接口。

下出线端在与外接触臂或导体相连接时需将动端软连接紧固在一起。

（4）灭弧室。本断路器可采用陶瓷外壳灭弧室，也可采用玻壳灭弧室。两种灭弧室具有相同的触头材料和纵磁场触头结构，使用陶瓷外壳灭弧室时还可以选用瓷壳外表带有伞裙的加大表面爬距的灭弧室，以提高产品抗污秽和抗凝露的能力。两种灭弧室都可以做到真空度不低于 1.33×10^{-3} Pa 时正常储存、使用年限不低于 20 年的基本要求，灭弧室的动作寿命都不低于断路器的机械寿命。

四、VS1型断路器的工作原理

1. 弹簧储能（见图 3-5）

通过驱动储能轴带动储能弹簧 23 储能，储能既可以由储能电动机自行进行，也可用储能手柄顺时针旋转储能轴 26 进行手动储能，是否达到合适的储能状态则由储能状态指示器 2 做出显示。作为自动重合闸顺序的先决条件，操动机构在一次合闸操作后，或者由储能电动机自动进行再储能，或者进行手动储能。

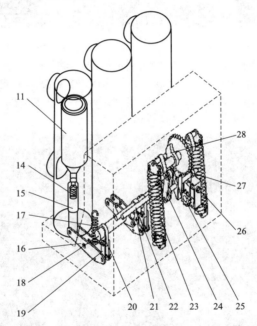

图 3-5　VS1 型断路器弹簧操动机构的基本结构

11—真空灭弧室；14—触头弹簧；15—绝缘拉杆；16—传动拐臂；17—分闸弹簧；18—主轴；19—传动连板；20—主轴传动拐臂；21—合闸保持掣子；22—脱扣半轴；23—储能弹簧；24—合闸驱动连板；25—传动链轮；26—手动储能轴；27—储能保持掣子；28—凸轮

面板卸去后的弹簧操动机构与辅助设备实物图如图 3-6 所示。

2. 合闸动作原理步骤

当按下手动合闸按钮 5 或者启动合闸线圈时，合闸过程便开始，储能保持掣子 27 首先解扣，已储能的储能弹簧 23 被释放，于是带动凸轮 28 转动，合闸驱动连板 24 和主轴 18 一启动作，主轴再通过主轴传动拐臂 20 和传动连板 19 推动传动拐臂 16，并最终推动绝缘拉杆 15 和真空灭弧室 11 的动触头向上运动，直至静触头接触为止，同时触头弹簧 14 被压紧，以保证主触头有适当的接触压力。在合闸过程中分闸弹簧 17 同时也被拉伸储能。

合闸结束后，弹簧操动机构内部元件及辅助设备实物图如图 3-7 所示。

图 3-6　卸去面板后的弹簧操动机构与辅助设备实物图

26—手动储能轴；29—控制线路板；30—分闸脱扣装置；31—辅助开关；

32—合闸储能装置；33—传动链条；34—储能电动机

图 3-7　弹簧操动机构内部元件及辅助设备实物图

4—计数器；34—储能电动机；HQ—合闸电磁铁

3. 分闸动作原理步骤

当按下手动分闸按钮 6 或者启动分闸线圈时，分闸过程便开始，脱扣半轴 22 转动，合闸保持掣子 21 解锁，触头弹簧 14 和分闸弹簧 17 储存的能量使真空灭弧室 11 的动触头以一定速度向下分离，并运动至分闸位置。

分闸结束后，弹簧操动机构内部元件及辅助设备实物图如图 3-8 所示。

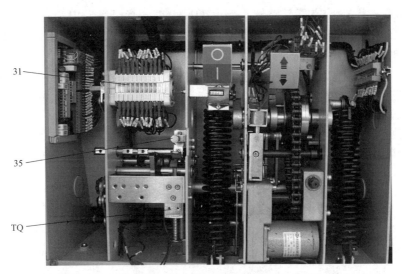

图 3-8　弹簧操动机构内部元件及辅助设备实物图

31—辅助开关；35—分闸推杆；TQ—分闸电磁铁

项目三　高压开关柜的控制回路

高压开关柜二次回路由一系列二次控制、保护和辅助设备相互连接构成，用来检测、控制、指示、调节和保护一次系统的运行。二次回路也称为二次系统、二次接线。

高压开关柜的二次回路，按电源性质可分为交流回路和直流回路，按功能用途可分为电流回路、电压回路、测量回路、保护回路、控制回路、信号回路、辅助回路和操作电源回路等。

由于篇幅所限，这里仅介绍 KYN28A-12 型高压开关柜的控制回路部分。高压开关柜一般采用真空断路器，配用弹簧机构。其手车式断路器控制回路包括储能回路、合闸回路、分闸回路。

1. 储能回路

断路器储能回路如图 3-9 所示。

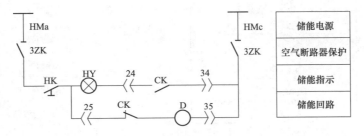

图 3-9　断路器储能回路

3ZK—空气断路器；HK—储能转换开关；D—储能电动机；

CK—辅助触点；HY—储能指示灯

动作过程：合上 3ZK 空气断路器，合上 HK 储能转换开关，电流从合闸小母线 HMa→3ZK→HK→CZ-25→CK 动断触点→D→CZ-35→3ZK→合闸小母线 HMc，储能电路接通，电动机旋转，弹簧储能。当达到合适的储能状态时，CK 动断触点断开，储能电动机 D 停止工作，储能结束，同时 CK 动合触点闭合，电流从合闸小母线 HMa→3ZK→HK→HY→CZ-24→CK 动合触点→CZ-34→3ZK→合闸小母线 HMc，储能指示回路接通，储能指示灯 HK 亮。CZ 为针式二次插头。

2. 合闸操作

断路器控制回路如图 3-10 所示。

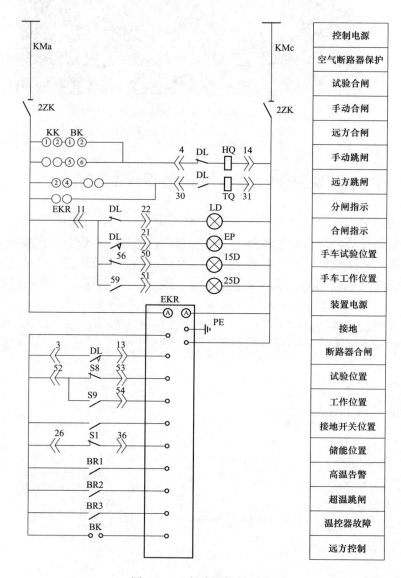

图 3-10　断路器控制回路

2ZK—空气断路器；BK—远方/就地转换开关；EKR—微机保护测控装置；KK—分合闸转换开关；

DL—断路器辅助触点；HQ—合闸线圈；TQ—分闸线圈；

LD—分闸指示灯

动作过程分手动合闸和远方合闸两个过程。

手动合闸动作过程：合上 2ZK 空气断路器，将远方/就地转换开关 BK 打到就地位置，合上 KK，电流从控制小母线 KMa→2ZK→KK→BK→3QF→CZ-4→断路器辅助触点 DL→HQ→CZ-14→2ZK→控制小母线 KMc，合闸回路接通，合闸线圈 HQ 得电，完成合闸动作。之后，断路器辅助触点 DL 动作，一个动断触点断开，将合闸回路断开，两个动合触点闭合，其中一个闭合后，电流从控制小母线 KMa→2ZK→CZ-11→断路器辅助触点 DL→CZ-21→HD→2ZK→控制小母线 KMc，合闸指示回路接通，合闸指示灯红灯亮，另一个闭合为下次跳闸做准备。

远方合闸动作过程：合上 2ZK 空气断路器，将远方/就地转换开关 BK 打到远方位置，微机保护测控装置 EKR 发出远方合闸指令，电流从控制小母线 KMa→2ZK→EKR→BK→3QF→CZ-4→断路器辅助触点 DL→HQ→CZ-14→2ZK→控制小母线 KMc，合闸回路接通，合闸线圈 HQ 得电，完成合闸动作。之后，断路器辅助触点 DL 动作，一个动断触点断开，将合闸回路断开，两个动合触点闭合，其中一个闭合后，电流从控制小母线 KMa→2ZK→CZ-11→断路器辅助触点 DL→CZ-21→HD→2ZK→控制小母线 KMc，合闸指示回路接通，合闸指示灯红灯亮，另一个闭合为下次跳闸做准备。

3. 分闸操作

动作过程分为手动跳闸和远方跳闸两个过程。

手动跳闸动作过程：合上 2ZK 空气断路器，将远方/就地转换开关 BK 打到就地位置，合上 KK，电流从控制小母线 KMa→2ZK→KK→BK→CZ-30→断路器辅助触点 DL→TQ→CZ-31→2ZK→控制小母线 KMc，跳闸回路接通，分闸线圈 TQ 得电，完成分闸动作。之后，断路器辅助触点 DL 动作，原本闭合的辅助触点恢复动合位置，将分闸回路断开，两个原本断开的辅助触点恢复动断位置，其中一个闭合后，电流从控制小母线 KMa→2ZK→CZ-11→断路器辅助触点 DL→CZ-22→LD→2ZK→控制小母线 KMc，分闸指示回路接通，分闸指示灯绿灯亮，另一个闭合为下次合闸做准备。

远方跳闸动作过程：合上 2ZK 空气断路器，断路器运行中若遇到短路故障，微机保护测控装置 EKR 发出远方跳闸指令，电流从控制小母线 KMa→2ZK→EKR→CZ-30→断路器辅助触点 DL→TQ→CZ-31→2ZK→控制小母线 KMc，跳闸回路接通，分闸线圈 TQ 得电，完成分闸动作。之后，断路器辅助触点 DL 动作，原本闭合的辅助触点恢复动合位置，将分闸回路断开，两个原本断开的辅助触点恢复动断位置，其中一个闭合后，电流从控制小母线 KMa→2ZK→CZ-11→断路器辅助触点 DL→CZ-22→LD→2ZK→控制小母线 KMc，分闸指示回路接通，分闸指示灯绿灯亮，另一个闭合为下次合闸做准备。

项目四　高压开关柜的巡视与操作

一、高压开关柜的巡视

高压开关柜的巡视包括正常巡视检查与特殊巡视检查。检查项目及标准根据巡视性质有所不同。

1. 高压开关柜的正常巡视检查

表3-4为高压开关柜巡视检查项目及标准。

表3-4 高压开关柜巡视检查项目及标准

序号	检查项目	标　准
1	标志牌	名称、编号齐全、完好
2	外观检查	无异声，无过热、无变形等异常
3	表计	指示正常
4	操作方式切换开关	正常在"远控"位置
5	操作把手及闭锁	位置正确、无异常
6	高压带电显示装置	指示正确
7	位置指示器	指示正确
8	电源小开关	位置正确

2. 高压开关柜的特殊巡视检查

（1）下列情况下应对高压开关柜进行特殊巡视：

1）开关柜在接近额定负荷的情况下运行。

2）开关室内的温度较高。

3）开关柜内部有不正常的声响。

4）开关柜柜体或母线槽因电磁场谐振发出异常声响。

5）开关柜投运后的巡视。

（2）高压开关柜特殊巡视的项目：

1）开关柜在接近额定负荷的情况下运行时应加强对开关柜的测温。无法直接进行测温的封闭式开关柜，巡视时可用手触摸各开关柜的柜体，以确认开关柜是否发热。必要时应通知地调转移部分负荷。

2）开关室内的温度较高时应开启开关室所有的通风设备，若此时温度还不断升高应通知地调降低负荷。

3）开关柜内部有不正常的声响时，运行人员应密切观察该异常声响的变化情况，必要时应停电检查。

4）开关柜柜体或母线槽因电磁场谐振发出异常声响时运行人员应通知汇报调度，加强巡视和对设备的测温工作。

5）开关柜投运后的巡视应特别注意接头（柜体外表）无过热、柜内无异常声响等。

二、KYN28A-12型高压开关柜的操作

1. 开关柜手车式断路器的操作注意事项

（1）手车式断路器允许停留在运行、试验、检修位置，不得停留在其他位置。检修后，应推至试验位置，进行传动试验，试验良好后方可投入运行。

（2）手车式断路器无论在工作位置还是在试验位置，均应用机械连锁把手车锁定。

（3）当手车式断路器推入柜内时，应保持垂直缓缓推进。处于试验位置时，必须将二次插头插入二次插座，断开合闸电源，释放弹簧储能。

2. 无接地开关的断路器柜的操作

(1) 将断路器可移开部件装入柜体：断路器手车准备由柜外推入柜内前，应认真检查断路器是否完好，有无漏装部件，有无工具等杂物放在机构箱或断路器内，确认无问题后将手车装在转运车上并锁好。将转运车推到柜前把手车升到合适位置，将转运车前部定位锁板插入柜体中隔板插口并将转运车与柜体锁定之后，打开断路器手车的锁定钩，将手车平稳推入柜体，同时锁定。当确认已将手车与柜体锁定好之后，解除转运车与柜体的锁定，将转运车推开。

(2) 手车在柜内操作：手车从转运车装入柜体后，即处于柜内断开位置，若想将手车投入运行，首先使手车处于试验位置，并将二次插头插好，若通电则仪表室面板上试验位置指示灯亮，此时可在主回路未接通的情况下对手车进行电气操作试验，若想继续操作，必须把所有柜门关好，用钥匙插入门锁孔，把门锁好，并确认断路器处分闸状态。此时可将手车操作摇把插入中面板上操作孔内，顺时针转动摇把，直到摇把明显受阻并听到清脆的辅助开关切换声，同时仪表室面板上工作位置指示灯亮，然后取下摇把。此时，主回路接通，断路器处于工作位置，可通过控制回路对其进行合、分操作。

若准备将手车从工作位置退出，首先应确认断路器已处于分闸状态，然后插入手车操作摇把，逆时针转动直到摇把受阻并听到清脆的辅助开关切换声，手车便回到试验位置。此时，主回路已经断开，金属活门关闭。

(3) 从柜中取出手车：若准备从柜内取出手车，首先应确定手车已处于试验位置，然后解除辅助回路插头，并将动插头扣锁在手车架上，此时将运转车推到柜前（与把手车装入柜内时相同），然后将手车解锁并向外拉出。当手车完全进入转运车并确认转运车锁定，解除转运车与柜体的锁定，把转运车向后拉出适当距离后，轻轻放下停稳，如手车要用转运车运输较长距离，在推动转动手车过程中要格外小心，以避免运输过程中发生意外事故。

(4) 断路器在柜内分、合闸状态确认：断路器的分合闸状态可由断路器手车面板上分合闸指示牌及仪表室面板上分合闸指示灯两方判定。

若透过柜体中面板观察玻璃看到手车面板上绿色的分闸提示牌，则判定断路器处于分闸状态，此时如果辅助回路插头接通电源，则仪表面板上分闸指示灯亮。

若透过柜体中面板观察玻璃看到手车面板上红色的合闸提示牌，则判定断路器处于合闸状态，此时如果辅助回路插头接通电源，则仪表面板上合闸指示灯亮。

3. 有接地开关的断路器柜的操作

将断路器手车推入柜内和从柜内取出手车程序，与无接地开关的断路器柜的操作程序完全相同。仅当手车在柜内操作过程中和操作接地开关过程中要注意下列问题：

(1) 手车在柜内操作：当准备将手车推入工作位置时，应确认接地开关处于分闸状态。

(2) 合、分接地操作：若要合接地开关，首先应确定手车已退到试验位置，并取下推行摇把，然后按下接地开关操作孔处连锁弯板，插入接地开关操作手柄，顺时针转动90°，接地开关处于合闸状态；若再逆时针转动90°，便将接地开关分闸。

4. 一般隔离柜的操作

隔离手车不具备接通和断开负荷电流的能力，因此在带负荷的情况下不允许推拉手车。在进行隔离手车柜内操作时，必须保证首先将与之相配合的断路器分闸，同时断路器分闸后其辅助触点转换解除与配合的隔离手车上的电气连锁，只有这时才能操作隔离车。具体操作程序与操作断路器手车相同。

三、KYN28A‑12型开关柜的"五防"连锁操作

开关柜的"五防"连锁对防止误操作、减少人为事故、提高运行可靠性起到很大的作用。"五防"功能，指的是可以防止五种类型的电气误操作，分别是防止误分、误合断路器，防止带负荷拉、合隔离开关或手车触头，防止带电挂（合）接地线（接地开关），防止带接地线（接地开关）合断路器（隔离开关），防止误入带电间隔。

1.防止误分、误合断路器

（1）采用机械连锁装置，用机械零部件来传动并产生约束，可靠性最高（除非零件损坏、断裂），宜优先推荐使用。

（2）采用翻牌（插头）和机械程序销，可靠性稍逊，因锁与匙之间并非一一对应。

（3）采用电气连锁，可靠性又差一些，因为电磁锁和导线都有损坏的可能，而且也需电源供电（需与继电保护回路电源分开），但优点是可以长时间传送。

2.防止带负荷拉、合隔离开关或手车触头

断路器处于合闸状态下，手车不能推入或拉出，只有当手车上的断路器处于分闸位置时，手车才能从试验位置移向工作位置，反之也一样。该连锁是通过连锁杆及手车底盘内部的机械装置及合分闸机构同时实现的，断路器合闸通过连锁杆才能解除，手车才能从试验位置移向工作位置或从工作位置移向试验位置，并且只有当手车完全达到试验位置或工作位置时，断路器才能合闸，如图3‑11和图3‑12所示。

图3‑11 断路器分闸位置的进出连杆与底盘车进出连锁机构
1—底盘车机械连锁；2—试验位置连锁机构未闭锁

3.防止带电挂（合）接地线（接地开关）

只有当断路器手车在试验位置及线路无电时，接地开关才能合闸。只有当接地开关合闸之后，柜体的后门和下前门才能被打开，才能挂临时性接地线。

（1）机械连锁：断路器底盘车在工作位置时如果电气连锁失效或未使用，则合接地开关也是合不上的（当接地开关在合位时连锁挡板弹出，从而实现对接地开关的闭锁，防止了带电关合接地开关的误操作事故），如图3‑13所示。

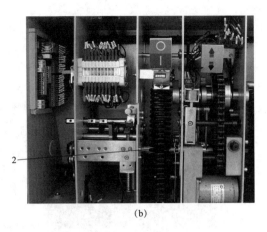

(a)　　　　　　　　　　　　　　　　(b)

图 3-12　断路器合闸位置与手车进出柜过程中合闸闭锁

1—断路器在合闸位置进出柜闭锁；2—进出柜过程中合闸闭锁

(a)　　　　　　　　　　　　　　　　(b)

图 3-13　接地开关闭锁装置与接地开关电缆室门连锁

1—连锁挡块；2—接地开关操作孔闭锁；3—接地开关连锁电磁铁闭锁

　　（2）电气连锁：只有当接地开关下侧电缆不带电时，接地开关才能合闸（见图 3-14 和图 3-15）。安装强制闭锁型接入接地开关闭锁电磁铁回路，带电指示器检测到电缆带电后闭锁接地开关合闸，如图 3-13（b）所示。

　　4. 防止带接地线（接地开关）合断路器（隔离开关）

　　（1）接地开关合闸后，导轨连锁的挡板伸出，当断路器手车处于试验位置时，挡板挡住手车底盘，使手车不能从试验/隔离位置移至工作位置。

　　（2）当接地开关处于分闸位置时，导轨连锁的挡板缩进，能将断路器手车从隔离/试验位置移至工作位置，关合断路器对线路送电；或从工作位置移至隔离/试验位置，如图 3-16 所示。

　　5. 防止误入带电间隔

　　（1）断路器室门上的开门把手只有专用钥匙才能开启。

　　（2）断路器手车拉出后，手车室活门自动关上，隔离高压带电部分。

（a）   （b）

图 3-14 接地开关操作孔闭锁位置

（a）关闭位置；（b）打开位置

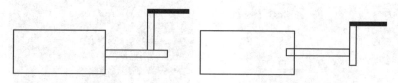

图 3-15 电磁锁时实现闭锁地道压板的方式

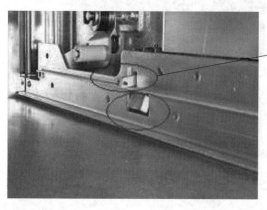

图 3-16 导轨连锁的挡板伸出与导轨连锁的挡板缩进

（3）活门与手车机械连锁：手车摇进时，手车驱动器压动手车左右导轨传动杆，带动活门与导轨连接杆使活门开启，同时手车左右导轨的弹簧被压缩，手车摇出时，手车左右导轨的弹簧使活门关闭，如图 3-17 所示。

（4）开关柜后封板采用内五角螺栓锁定，只能用专用工具才能开启。

（5）实现接地开关与电缆室门板的机械连锁。在线路侧无电且手车处于试验位置时合上接地开关，门板上的挂钩解锁，此时可打开电缆室门板，如图 3-18 接地开关与电缆室门连锁。

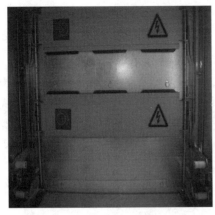

图 3-17 活门与手车机械连锁

图 3-18 接地开关合闸后门能打开

（6）检修后电缆室门板未盖时，接地开关传动杆被卡住，使接地开关无法分闸。

除此之外，手车式开关柜还有其他防误功能，如有防误拔开关柜二次线插头功能。手车推进至试验位置，手车上的二次插连锁推板推动连锁装置上的尼龙滚轮转动，可带动同轴的锁钩作用，手车上二次航空插头应能轻松插入或拔出航空插座；当手车从试验位置推进至工作位置时，二次插连锁准确动作，锁杆锁住二次航空插头，此时手车上二次航空插头无法退出航空插座，如图 3-19 所示。此连锁的目的在于，保证手车在工作位置时二次插头不能拔出，在受到强烈震动时二次插头也不会脱离插座，确保插头可靠动作。

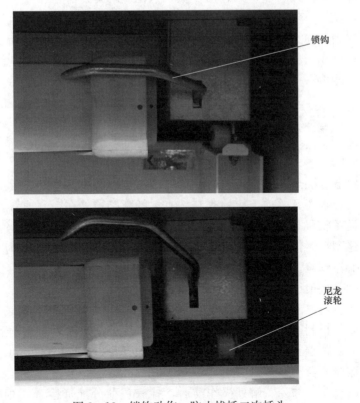

图 3-19 锁钩动作，防止拔插二次插头

四、KYN28A−12型开关柜的倒闸操作

1. 倒闸操作基础知识

将电气设备从一种状态转换为另一种状态，或由一种运行方式转变为另一种运行方式时所进行的一系列有序的操作称为倒闸操作。电力系统对用户的停电和送电、运行方式的改变和调整、设备由运行改为检修或投入运行等都是通过倒闸操作进行的，倒闸操作是变电运行值班员的主要工作任务。

倒闸操作必须严格执行过程中每一步的规定和要求，确保倒闸操作的正确性。正常情况下倒闸操作的步骤如下：接受操作预告→填写操作票→核对操作票→发布和接受操作指令→模拟操作→实际操作→复核→汇报完成。

对于无人值班变电站，由操作队进行倒闸操作，其步骤为：①当操作队值班员接到调度下达操作预告指令后，按该变电站一次接线图在操作队填写操作票（临时性操作可在操作现场填写操作票）；②操作队值班员到达操作变电站，与值班调度联系，得到操作指令后，开始操作；③操作队值班员现场模拟操作无误后，即可按照操作规定及步骤进行现场操作；④全部操作完毕后，操作队值班员立即汇报调度，并在返回操作队后立即更改操作队所在地该所一次接线图，与现场实际相符。

2. 倒闸操作票的内容

倒闸操作票主要包括单位、编号、发令人、受令人、发令时间、操作开始时间和操作结束时间、操作任务、操作人、监护人、值班负责人的签名等。单位指变电站名称；编号由供电企业统一编号，使用单位按规定分配编号顺序依次使用；发令时间指值班调度下达操作指令的时间；操作开始时间指操作人开始实施操作的时间；操作结束时间指全部操作完毕并复查无误后的时间；操作任务是指要进行的操作，应填写设备双重名称，并使用规范的操作术语，每份操作票只能填写一个操作任务。一个操作任务使用多页操作票时，在首页及以后的右下角填写"下接：××号"，在次页及以后的各页左下角填写上"上接：××号"。打印一份多页操作票时，应自动生成上下接页号码。

3. 应填入倒闸操作票内的操作项目

（1）应拉合的断路器、隔离开关、接地开关和熔断器等。

（2）检查断路器和隔离开关的位置。例如，断路器和隔离开关操作后，应检查其确在操作后的状态；拉、合隔离开关前，应检查与之有关的断路器处在断开位置。电气设备操作后的位置检查应以设备实际位置为准；无法看到实际位置时，可通过机械位置指示、电气指示、仪表及各种遥测、遥信信号的变化，且至少应有两个及以上指示同时发生对应的变化，才能确认设备已操作到位。

（3）装上或拆除接地线，并注明接地线的确切地点和编号。

（4）设备检修后送电前，检查待送电范围内的接地开关确已拉开或接地线确已拆除。

（5）装上或取下控制回路或电压互感器二次熔体；装上或取下断路器手车二次插头。

（6）切换保护回路端子或投入、停用保护装置，以及投入或解除自动装置。

（7）装设接地线或合上接地开关前，应对停电设备进行验电。

（8）在进行倒负荷或并列、解列操作前后，检查负荷分配（检查三相电流平衡）情况，并记录实际电流值。母线电压互感器送电后，检查母线电压指示是否正确。

4. 填写倒闸操作票注意事项

（1）填写倒闸操作票必须字迹工整、清楚，严禁并项、倒项、漏项和任意涂改，若有个别错、漏字需要修改，应做到被改的字和改后的字均清晰可辨，且每份操作票的改字不得超过三个，否则另填新票。

（2）操作票中下列内容不得涂改：

1）设备名称、编号、连接片；

2）有关参数和终止符号；

3）操作动词，如"拉开""合上""投入""退出"等。

（3）下列各项可不用操作票，但应记录在值班记录簿内；

1）事故应急处理；

2）拉合断路器的单一操作；

3）拉开或拆除全所唯一的一组接地开关或接地线；

4）投入、停用单一连接片。

5. 倒闸操作票格式（见表 3-5）

表 3-5 　　　　　　　　　　　变电站（发电厂）倒闸操作票

单位＿＿＿＿＿＿＿＿＿＿＿＿　　　　　　　编号＿＿＿＿＿＿＿＿＿＿＿＿

发令人		受令人		发令时间	年　月　日　时　分	
操作开始时间： 年　月　日　时　分				操作结束时间： 年　月　日　时　分		
（　）监护下操作　　（　）单人操作　　（　）检修人员操作						
操作任务：						
顺序	操作项目					✓

续表

顺序	操作项目	√
备注：		

操作人：　　　　　　　　　监护人：　　　　　　　　　值班负责人（值长）：

6. 典型操作任务及步骤参考

任务一：可移开式开关柜断路器运行转检修（停电）。

操作步骤：

（1）检查开关柜带电显示器三相指示有电。

（2）拉开开关柜断路器手车。

（3）检查开关柜断路器手车确已拉开。

（4）将开关柜断路器手车由工作位置摇至试验位置。

（5）检查开关柜断路器手车确已摇至试验位置。

（6）检查开关柜带电显示器三相指示无电。

（7）拉开开关柜断路器手车控制电源。

（8）拉开开关柜断路器手车储能电源。

（9）拉开开关柜断路器手车保护电源。

（10）取下开关柜断路器手车二次插头。

（11）将开关柜断路器手车由试验位置拉至检修位置。

（12）在开关柜断路器手车处挂"禁止合闸、线路有人工作"标识牌。

任务二：可移开式开关柜断路器运行转检修（送电）。

操作步骤：

（1）拆除开关柜断路器手车处"禁止合闸、线路有人工作"标识牌。

（2）将开关柜断路器手车由检修位置推至试验位置。

（3）检查开关柜断路器手车确已推至试验位置。

（4）装上开关柜断路器手车二次插头。

（5）合上开关柜断路器手车控制电源。

（6）合上开关柜断路器手车储能电源。

（7）合上开关柜断路器手车保护电源。

（8）检查开关柜断路器手车保护投入正确。

（9）检查开关柜断路器手车确在分闸位置。

（10）将开关柜断路器手车由试验位置摇至工作位置。

（11）检查开关柜断路器手车确已摇至工作位置。

（12）将开关柜断路器手车操作方式开关切至远方位置。

（13）检查开关柜断路器手车确已储能。

（14）合上开关柜断路器。

（15）检查开关柜断路器手车确已合上。

（16）检查开关柜带电显示器三相指示有电。

项目五 高压开关柜的调整与试验

一、VS1 型断路器的调整与试验

1. VS1 型断路器的调整

VS1 型断路器的调整包括对设备不解体进行的检查与修理和针对设备在运行中突发的故障或缺陷而进行的检查与修理。

主要检修项目及技术要求见表 3-6。

表 3-6　　　　　　　　　　　　　检修项目及技术标准

序号	小修项目	检查内容	技术要求
1	柜内及手车清扫检查	（1）断路器手车室清扫检查	（1）活门开闭正常无卡滞、手车导轨无变形 （2）柜内设备清洁无杂物
		（2）断路器绝缘支架清扫检查	（1）环氧树脂外壳应干燥无积灰、污垢、裂缝和放电痕迹。如有污垢用干净丝绸蘸取无水乙醇擦拭环氧树脂绝缘套筒外壳 （2）各紧固部分应拧紧
2	主回路触头检查	（1）触指检查	（1）触指无烧伤、变色 （2）静触头无烧伤卡痕、变色。触头绝缘筒无裂纹、放电痕迹
		（2）触指弹簧检查	弹簧无锈蚀变形、脱落、变色
3	二次线、辅助开关、微动开关检查	（1）分、合闸整流及防跳电路板引线检查	所有二次插头、电气元件及端子不松动，二次导线的绝缘层无损坏，插件牢固
		（2）辅助开关 QF 动作情况及引线检查	辅助开关 QF 动作正常，接触良好、无烧损，引线接头接触良好，发现异常应予以更换
		（3）微动开关 S1 动作情况及引线检查	电动机储能微动开关 S1 动作正常，接触良好、无烧损，引线接头接触良好，发现异常应予以更换

续表

序号	小修项目	检查内容	技术要求
3	二次线、辅助开关、微动开关检查	(4) 与底盘车相连的接线端插件检查	插件固定牢固，线头紧固无脱落
		(5) 分、合闸线圈，电动机引线检查测试	(1) 线圈固定牢固，引线接头接触良好 (2) 分、合闸线圈直流电阻、绝缘电阻测试
		(6) 继电器室元件及端子排检查	接线端子接线紧固，元件动作正常
4	对掣子、支撑轴、滑动和滚动轴承等部件检查涂润滑脂	(1) 检查凸轮，滚轮，滑块，扣板，分、合闸掣子 (2) 检查机构内部其他传动及摩擦部位润滑	(1) 对凸轮，滚轮，滑块，扣板，分、合闸掣子部件涂抹润滑脂 (2) 传动及摩擦部位润滑应良好，无卡涩情况。当机构内部较脏时，可用干净丝绸取无水乙醇擦拭机构，并涂抹专用润滑脂
5	机械机构和传动部分检修	(1) 检查所有元件是否有损坏、是否紧固	机构各部零件应无变形，紧固件（包括螺栓、螺母、卡簧、挡圈和弹簧销等）应锁紧，无松动，定位销、卡簧无振动、断裂、脱落。有松动的要予以重新锁紧
		(2) 手动、电动储能试验	(1) 用手柄进行机构储能。检查链轮、链条、拐臂及合闸弹簧动作正常，储能状态指示牌指示正确 (2) 用电动进行储能试验，储能时间≤15s
		(3) 手动分、合闸检查机械动作情况	手动分、合闸动作应正常，分、合闸指示正确。计数器动作正确，分闸缓冲器动作正常（油缓冲器应无漏油现象）
		(4) 检查底盘车合闸闭锁板	(1) 用手柄操作底盘车，底盘车的连锁固定螺钉应紧固无松脱；合闸的连锁动作正确，丝杆转动灵活，S8、S9 位置开关动作准确 (2) 手车在推进退出时，动作轻巧、灵活、平稳。手车插入深度为 15～25mm
6	储能时间	—	≤15s
7	断路器的低电压动作试验	分闸线圈启动电压	分闸动作范围：额定电压 30%～65%，即（66～143V）当分闸线圈启动电压低于 30%时，分闸铁芯不应动作启动电压不合格时可调整脱扣半轴与分闸掣子的扣接深度

2. VS1 型断路器的试验

(1) 真空断路器开距、超行程的调整。开距是指断路器处于分闸状态时，真空灭弧室两触头之间的距离。开距对绝缘性能影响很大。开距的大小由真空灭弧室的技术条件决定。测试方法是在动导电杆上任选一点 A，然后在真空灭弧室固定件上任选另一点 B，测定 A 在开关分、合闸位置时相对于 B 所走的位移差即可。超行程的测量方法是量出触头弹簧在分、合闸位置时的长度，将分闸时的长度减去合闸时的长度即为触头的超行程。超行程的变化能够反映真空灭弧室触头的磨损量。超行程会影响分、合闸速度，故每次检修时均应及时调整超行程并做好记录。当触头磨损量累计达到一定程度时，应及时更换真空灭弧室。不同型号的真空灭弧室触头允许的磨损程度不一样。装配真空灭弧室时，几个方向螺母应均匀拧紧，以免开关管单侧受力。

（2）真空断路器的三相同期性测试。三相分闸同期性的差别一般不大于 2ms，通气性差的真空开关操作时容易产生高倍的操作过电压。当三相分合闸同期性不满足要求时，调整方法同超行程。三相同期性测试可用真空开关综合测试仪进行。

（3）触头接触电阻的测量。运行中如果接触电阻增大而未及时发现，则可能会发生真空泡爆炸。测量方法是压降法，即导电回路通以 100A 直流电流，然后测量电压降。

（4）分、合闸速度的调整。操动机构的分、合闸速度主要靠设计和制造来保证，用户一般不作调整。分、合闸速度用分、合闸弹簧来调整。分闸弹簧力越大，分闸速度越快，合闸速度越慢；分闸弹簧力越小，分闸速度越慢，合闸速度越快。对于弹簧机构，调整合闸弹簧的预拉长度，可以改变合闸速度。

二、高压开关柜的调整与试验

1. 断路器室

断路器手车装在有导轨的断路器室内，可在运行、试验/隔离两个不同位置之间移动，当手车从运行位置向试验/隔离位置移动时，活门会自动盖住静触头，反向运行则打开（见图 3－20）。

断路器室主要检修和维护内容包括：

（1）目测检查手车内有无杂物（如金属粉末、掉落的螺栓等）、手车室内壁有无烧蚀痕迹。

（2）检查触头盒及静触头，看触头盒有无裂痕、放电烧蚀痕迹；静触头固定是否牢固，有无氧化、烧蚀现象。

（3）检查活门连锁机构是否可靠；尼龙滚轮有无变形损坏；各个连接部分的轴销是否齐全，有无损坏。

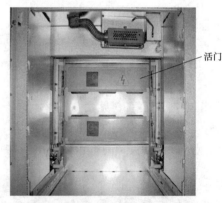

活门

（4）检查手车导轨的平直度，看有无变形现象。

图 3－20　断路器室（活门关闭状态）

（5）检查手车接地触点是否接地良好。

（6）检查加热器工作是否正常。

（7）检查手车位置与二次航空插头连锁是否正常。

2. 电缆室

电缆室（见图 3－21）位于开关柜后部下断，主要是为了进出电缆的方便，当电缆室门打开后，有足够的空间供施工人员进入柜内安装电缆（最多可并接 6 根）。盖在电缆入口处的底板可采用非导磁的不锈钢板，是开缝的，可拆卸的，便于现场施工，底板中穿越一、二次电缆的变径密封圈开孔应与所装电缆相适应，以防小动物进入。电流互感器和接地开关均装在电缆室后部，根据需要也可安装避雷器等设备。

电缆室主要检修和维护内容包括：

图 3-21　电缆室

1—接地开关；2—电力电缆；3—避雷器

（1）在进行工作前应对整个仓室进行外观检查，熟悉内部的基本情况，看内部有无掉落的螺栓、销钉等物品。

（2）检查母线连接螺栓及设备固定螺栓有无松动、脱落现象。

（3）检查接地开关触头、触指有无烧蚀，弹簧弹性是否良好。

（4）检查接地开关的传动部分转动是否灵活，连锁部分动作是否可靠。

（5）检查各个转动关节的连接销钉是否齐全，固定的销钉的开口销、卡簧销有无脱落、丢失情况。

（6）检查支持绝缘子、绝缘护套、热缩套有无放电烧蚀、开裂、脱落情况。

（7）检查加热器工作是否正常。

（8）检查电力互感器、避雷器等电器设备外观有无变色、开裂、烧蚀迹象。

3. 继电器仪表室

继电器仪表室（见图 3-22）位于开关柜的上部前端，开关柜的二次元件装在继电器仪表室内及门上。控制线线槽空间宽裕，并有盖板，左侧线槽用来引入和引出柜间连线，右侧线槽用来敷设开关柜内部连线。继电器仪表室侧板上有控制线穿越孔，以便控制电源的连接。

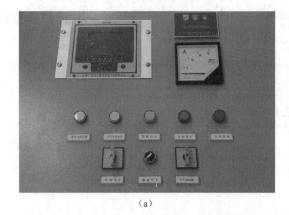
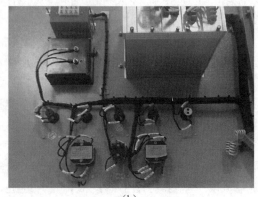

(a)　　　　　　　　　　　　　　　　　(b)

图 3-22　继电器仪表室（一）

(a) 继电器仪表室前门板；(b) 继电器仪表室前面板（后）；

（c）

图 3 - 22　继电器仪表室（二）

（c）继电器仪表室（内部）

继电器仪表室主要检修和维护内容包括：

（1）检查信号、位置指示灯指示是否正确，有无损坏。

（2）检查二次线线头是否松动、脱出，是否存在双压线头的现象，是否存在正电与负电在端子排上相邻布置的情况。

（3）检查温湿度控制器能否正常工作。

附 录　高压开关柜接线图（见附图 1～附图 13）

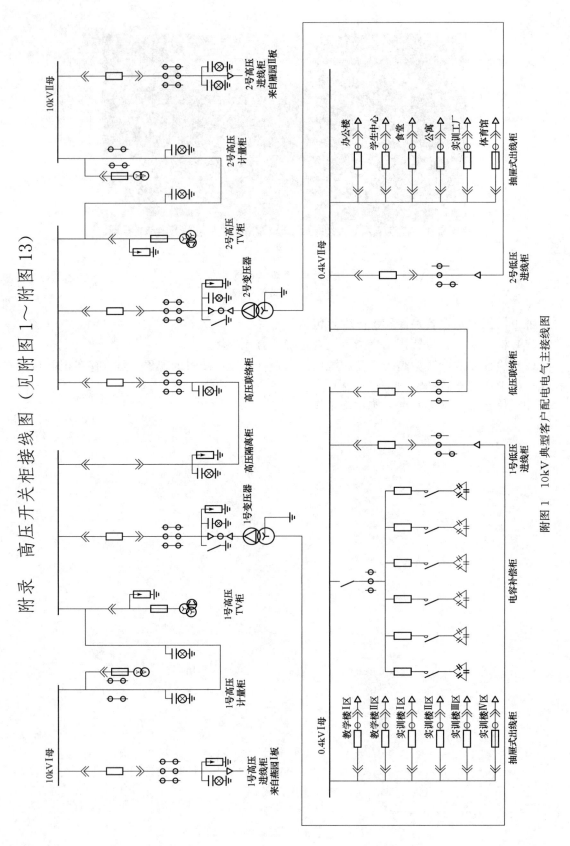

附图 1　10kV 典型客户配电电气主接线图

项	开关柜间隔编号	AH1	AH2	AH3	AH4	AH5	AH6	AH7	AH8	AH9	AH10
	开关柜用途或使用设备名称	1号高压进线柜	1号高压计量柜	1号高压TV柜	1号高压出线柜	高压隔离柜	高压联络柜	2号高压出线柜	2号高压TV柜	2号高压计量柜	2号高压进线柜
	回路负荷										
	计算电流										
	柜体外形尺寸	800×1500×2300	800×1500×2300	800×1500×2300	800×1500×2300	800×1500×2300	800×1500×2300	800×1500×2300	800×1500×2300	800×1500×2300	800×1500×2300
	母线规格 LMY-60×6										
	一次额定电压 10kV										
	二次控制电压 DC220V										
	防护等级 IP4X										
	一次系统图	（系统图）	（系统图）	（系统图）	（系统图）	（系统图）	（系统图）	（系统图）	（系统图）	（系统图）	（系统图）
1	柜方案型号/方案编号	KYN28A-12	KYN28A-12	KYN28A-12	KYN28A-12	KYN28A-12	KYN28A-12	KYN28A-12	KYN28A-12	KYN28A-12	KYN28A-12
2		50A			50A	50A	50A	50A			50A
3											
4											
5	真空断路器/TV手车 型号	VS1-12			VS1-12/D	GL-12	VS1-12/D	VS1-12/D			VS1-12
		630A-25KA			630A-25KA	630A	630A-25KA	630A-25KA			630A-25KA
	电流互感器LZZBJ9-10 变比	50/5			50/5		50/5	50/5			50/5
	精度	0.5/10P20			0.5/10P20		0.5/10P20	0.5/10P20			0.5/10P20
	电压互感器JDZX10-10		$\frac{380}{100}$	$\frac{380}{\sqrt{3}}/\frac{100}{\sqrt{3}}/3$ 0.5/3P					$\frac{380}{\sqrt{3}}/\frac{100}{\sqrt{3}}/3$ 0.5/3P	$\frac{380}{100}$	
	高压熔断器		0.5A	0.5A					0.5A	0.5A	
	避雷器	HY5WS-17/50	HY5WS-17/50	HY5WS-17/50	HY5WS-17/50	HY5WS-17/50	HY5WS-17/50	HY5WS-17/50	HY5WS-17/50	HY5WS-17/50	HY5WS-17/50
	接地开关				JN15-12			JN15-12			
	零序电流互感器				LXK-φ100			LXK-φ100			
	微机保护装置	WGB-871	WGB-876	WGB-876	WGB-871	WGB-878	WGB-878	WGB-871	WGB-876		WGB-871
	支母线	LMY-60×6	LMY-60×6	LMY-60×6	LMY-60×6	LMY-60×6	LMY-60×6	LMY-60×6	LMY-60×6	LMY-60×6	LMY-60×6
	接地母线	LMY-40×4	LMY-40×4	LMY-40×4	LMY-40×4	LMY-40×4	LMY-40×4	LMY-40×4	LMY-40×4	LMY-40×4	LMY-40×4
	二次控制原理图										
	电缆 YJV22-10KV-										

附图 2 10kV 典型客户配电配置图

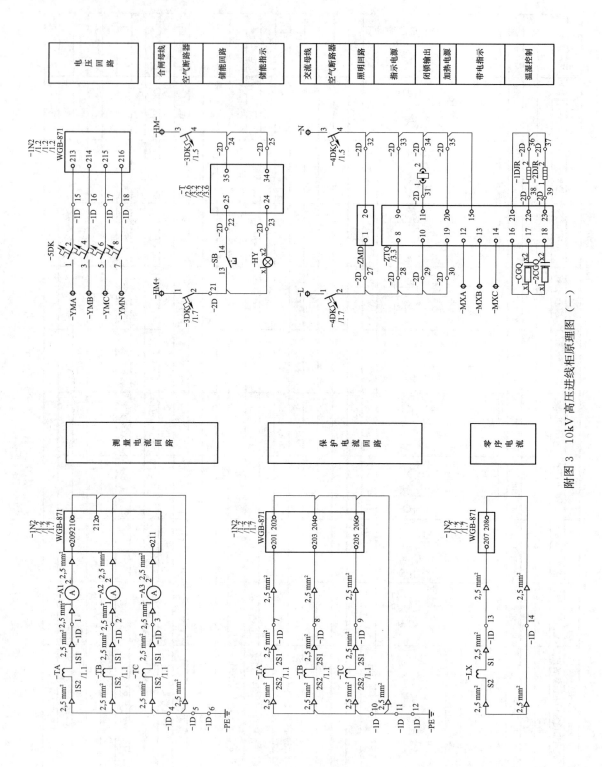

附图 3   10kV 高压进线柜原理图（一）

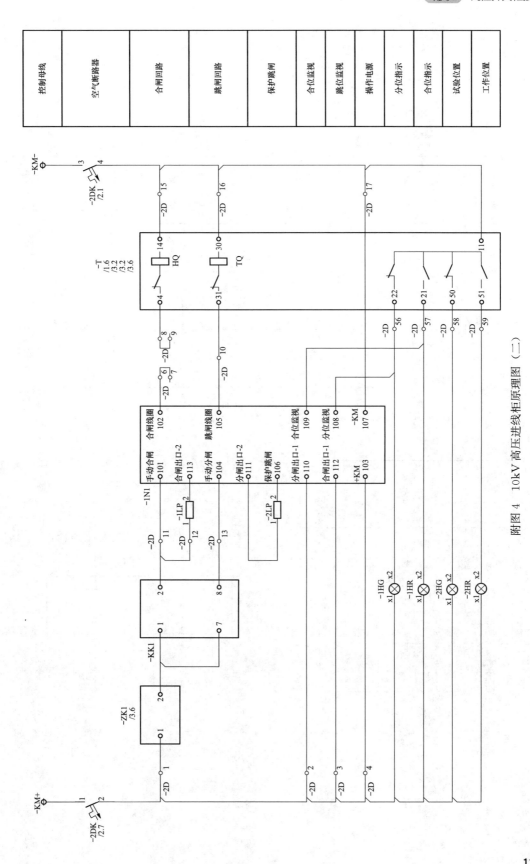

附图 4　10kV 高压进线柜原理图 (二)

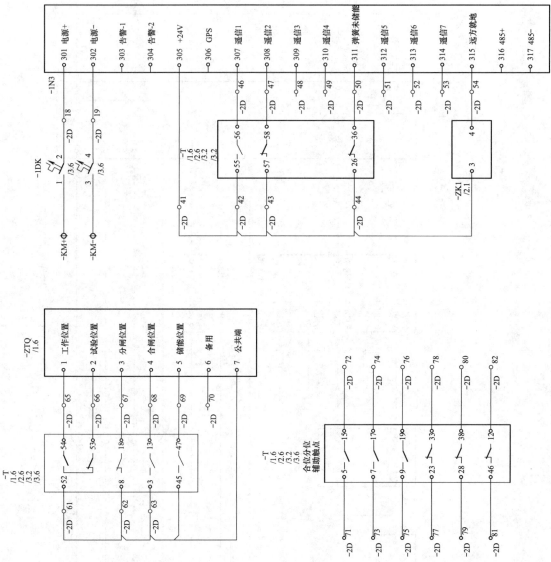

附图 5 10kV 高压进线柜原理图（三）

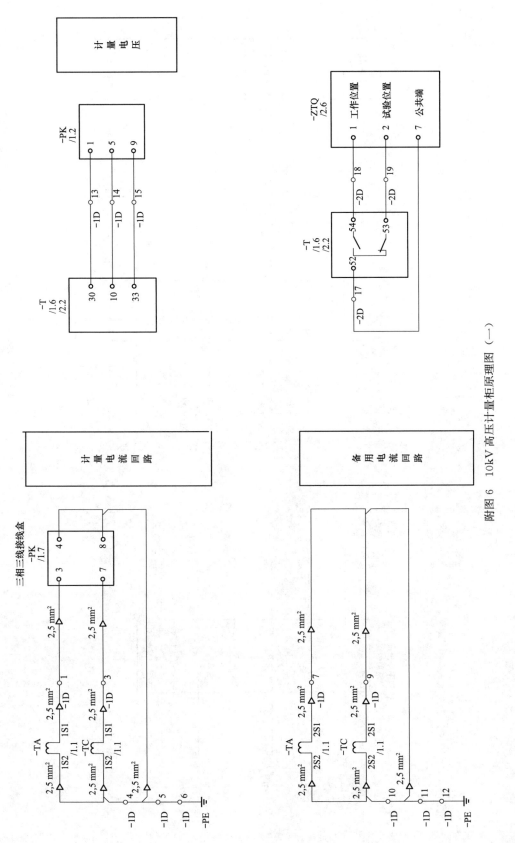

附图 6 10kV 高压计量柜原理图（一）

137

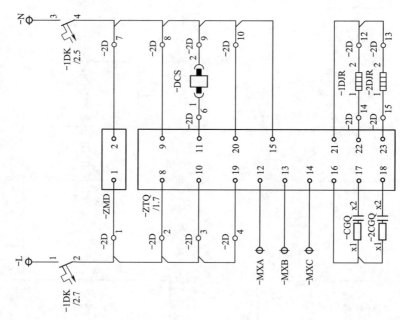

附图 7　10kV 高压计量柜原理图（二）

交流母线	空气断路器	照明回路	指示电源	闭锁输出	加热电源	带电指示	温湿控制

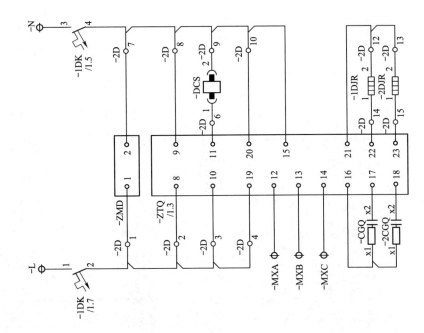

附图 8　10kV 高压计量柜柜原理图（三）

139

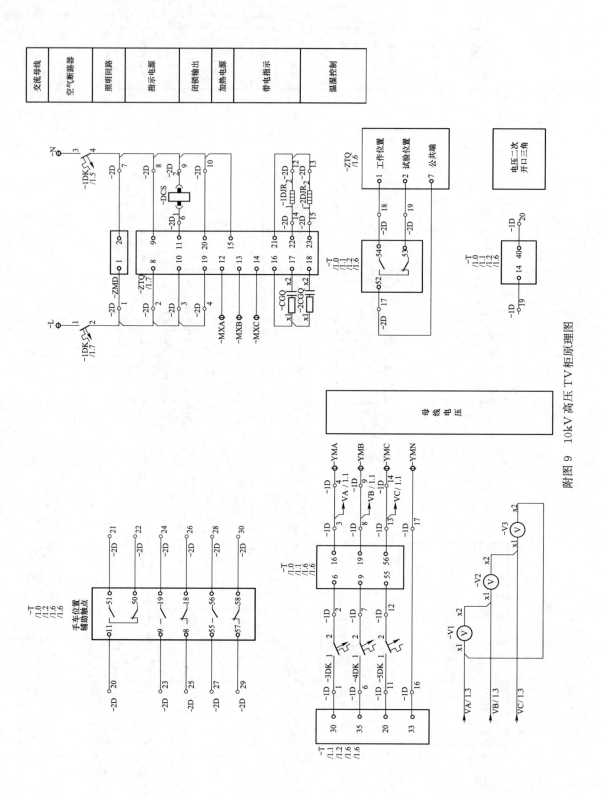

附图 9　10kV 高压 TV 柜原理图

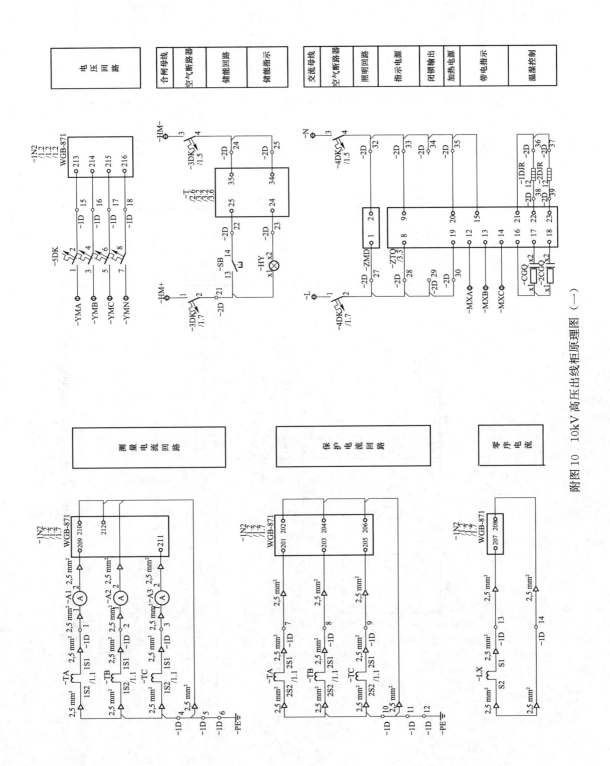

附图 10 10kV 高压出线柜原理图（一）

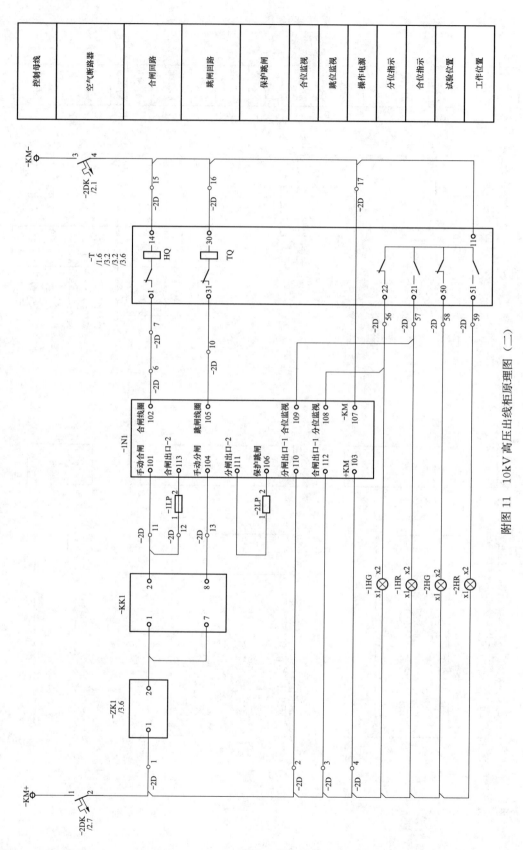

附图 11　10kV 高压出线柜原理图（二）

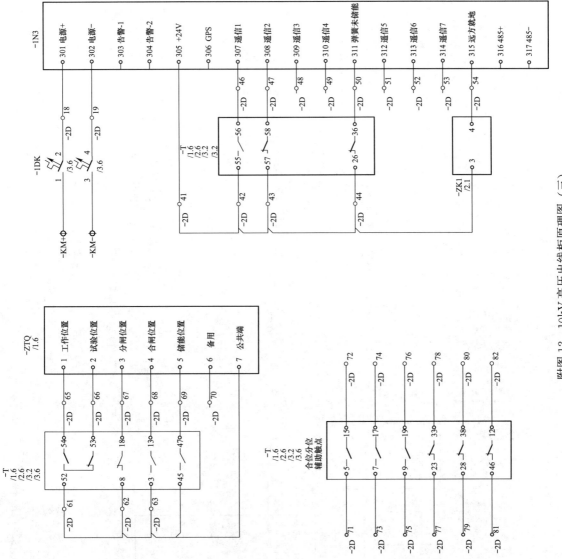

附图 12　10kV 高压出线柜原理图（三）

143

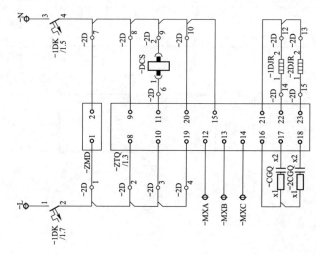

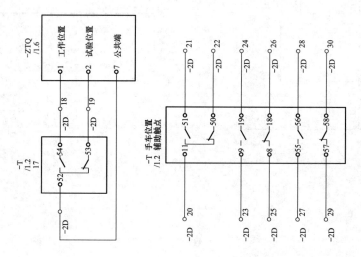

附图 13　高压隔离柜原理图

参 考 文 献

[1] 郭琳. 发电厂电气设备 [M]. 4 版. 北京：中国电力出版社，2020.

[2] 张全元. 高压断路器分册 [M]. 北京：中国电力出版社，2016.

[3] 国网福建省电力有限公司检修分公司. 高压隔离开关检修技术及案例分析 [M]. 北京：中国电力出版社，2020.

[4] 钱家骊. 高压开关柜结构计算运行发展 [M]. 北京：中国电力出版社，2007.

[5] 国家电网公司人力资源部. 国家电网公司生产技能人员职业能力培训专用教材：变电检修 [M]. 北京：中国电力出版社，2010.

[6] 崔景春. 高压交流断路器 [M]. 北京：中国水利电力出版社，2016.

[7] 崔景春. 高压交流隔离开关和接地开关 [M]. 北京：中国水利电力出版社，2016.

[8] 崔景春. 高压交流金属封闭开关设备 [M]. 北京：中国水利电力出版社，2016.